国邦养猪精要

——养猪新模式的创新管理经验

吕国邦 等 编著

U0246447

中国农业出版社

作者简介

　　吕国邦，男，中共党员，1970年5月生，甘肃酒泉市人，毕业于甘肃农业大学兽医系兽医专业。毕业后分配到中国农业科学院兰州兽医研究所工作。现任西安国邦兽药有限公司总经理，全国执业兽医，《中国动物保健》养猪专栏作者。

　　大学毕业至今一直在生产一线从事规模猪场管理、猪病诊断，猪病治疗和预防保健的工作。在大型猪场任场长9年，在正大集团任养猪专家9年，期间曾在泰国学习标准化养猪半年。2013年10月创立西安国邦兽药有限公司，为广大养殖场提供高端的养猪技术服务和产品。

　　2009年获甘肃省省政府颁发的"甘肃省科学技术进步奖"，2015年12月荣获"中国动物保健一线专家"的称号。在国家核心中文期刊上发表30多篇专业技术论文，主编的《陕西正大标准化养猪技术手册》（发行量达到10万册），曾在中央电视台、陕西电视台等多家电台做养猪技术专访。每年培训养殖大户和技术人员几百人次，成功诊断、治疗猪病几百例。特别是2013年做《中国动物保健》养猪专家专栏作者以来，编写了30多篇技术论文，将20多年的养猪和猪病防治经验，奉献给了养猪场和技术人员，并创立了"国邦养猪三理念"，为西北乃至全国养猪业的健康发展做出了突出的贡献。

刘孟洲教授为笔者赠言

一览众山娇，
群峰独自高。
步履青云上，
罄佛松柏梢。
善下能成海，
相天不自傲。
留得铁骨秀，
心如和风飘。

刘孟洲
2014年8月23日于神木市

刘孟洲，男，1938年8月生，甘肃农业大学动物科学技术学院教授、博士生导师，中国畜牧兽医学会养猪学分会副理事长，西北养猪协会理事长。

刘孟洲教授为笔者赠《猪的品格》

居无定所，
土石其邻。
生熟兼食，
不计粗精。
可委身而饲虎，
每屈己一循人。
资万众之一利，
虽九死而如生。

刘孟洲
2014年8月23日于神木市

笔者（右一）与西北养猪协会理事长刘孟洲教授（右二）及西北养猪专家郑吉安高级兽医师（左二）合影留念

笔者与中国工程院陈焕春院士合影留念

笔者（左五）与西北养猪协会理事长刘孟洲教授（右六）及西北养猪协会会员合影留念

笔者与广东海纳川集团技术总监孙雪梅研究员同游少华山

笔者与广东海纳川集团张志清总经理合影留念

笔者于北京昕大洋集团李光智总裁合影留念

笔者与专家、企业家亮相中央电视台

养殖合作社给西安国邦公司兽药有限公司赠送锦旗

西安国邦兽药有限公司于2015年中国畜牧博览会期间所获奖牌

本书编写人员

编　著　吕国邦　等

参　编　李吉元　张文文

　　　　王正新　张建民

　　　　张新刚　刘振武

审　校　刘孟洲　张　周

　　　　郑吉安　杜　娟

前　言

　　近二十年来，我国的养猪业取得了长足发展，养猪规模越来越大，现代化水平不断提高。但近年来，养猪业的变化也让人困惑，养了十几年猪的人觉得越来越不会养猪了，十几年甚至几十年积累的养猪经验现在不灵了，几十年未有遇到的养猪问题，现在都遇到了。

　　本书的作者有二十多年的养猪和猪病防治经验，有规模猪场当场长九年和正大集团当专家九年的实践经验。特别是2013年被聘请为《中国动物保健》养猪专栏作者以来，带领自己公司的技术团队，撰写了大量技术论文。这些论文不但结合国内外先进养猪经验对猪的饲养管理进行了多专题系统的阐述，而且把这几年来发生在我国特别是西北猪的传染病及猪病的疑难杂症进行了多方位的论述，并对来源于生产第一线的实际问题给出了有效的解决方案。

　　本书共分三章：帮您养好猪的国邦三理念；猪的标准化饲养管理；猪病的预防保健和治疗。

　　养好猪的国邦三理念，观念新颖，可操作性强，对大幅度提高母猪和育肥猪的生产成绩，有很大的帮助，同进推出了无抗养殖的新理念。猪的标准化饲养管理，突出了健康养猪新理念，强调重视养猪环境、管理及生物安全，突出养猪生产中容易被忽视的细节，对猪场的管理有着现实的指导意义。猪病的预防保健和治疗，以当前猪场多发的各类综合征为主，提出免疫抑制、抵抗力下降在发病中的主要原因，强调了免疫抑制和猪只中毒对疾病的危害。在疾病控制中提出以提高自身抵抗力、增强免疫力为根本，以控制病毒、清除体内毒素为中心，同时兼顾抗菌的综合防控理念，在实际应用中取得了良好的效果，对提高猪群健康水平、控制疾病和提高生产力意义非凡。

　　由于编者水平有限，文中不妥之处，敬请指正。

编　者

2018年1月

目　录

前言

第一章

帮您养好猪的国邦三理念

图1-1　育肥猪使用"吉祥三宝"30天的效果（生长速度快，均匀度好）

国邦三理念之一：育肥猪30天预防保健新理念。

每30天给育肥猪加"吉祥三宝"一次，解决慢性肺炎对饲料的消耗，猪平均早出栏半月以上，同时解决因猪肺炎导致的猪干瘦、掉队、肺坏死造成的猪只死亡问题（图1-1）。此理念创造的价值是：在"四良配套"的情况下，猪只从保育到育肥出栏死亡率可降至2%以内，料重比为2.4∶1，平均每头猪多创造100元以上的利润。

国邦三理念之二：母猪30天保健新理念。

目前母猪普遍存在由慢性中毒导致免疫力低下而引起病毒、细菌混合感染的问题，推广母猪"吉祥三宝"30天预防保健理念，可清理母猪体内毒素，控制母猪病毒，母猪由亚健康变为健康，解决仔猪腹泻综合征，全面解决母猪繁殖障碍问题（图1-2）。此理念创造的价值是：在"四良配套"的情况下，每头母猪每年所能提供的断奶仔猪头数可达到25头以上。

国邦三理念之三：推广无抗养殖新理念。

用昕肠态代替抗生素可解决猪的肠道问题，提高其免疫力，清除其体内毒素；全面提高母猪生产性能和生产成绩，提高育肥猪的抗病能力和饲料报酬，进入无抗养殖新阶段。此理念创造的价值是：减少抗生素的使用量，提高猪场生产成绩，提高猪场经济效益，保障食品安全。

图1-2　母猪使用"吉祥三宝"30天的效果（母猪产仔多、奶水好，仔猪均匀度好，腹泻少）

第二章

猪的标准化饲养管理

第一节　发展标准化养猪的六要点

近几年以来，随着社会经济的发展、科技的进步，以及人们对生活质量的要求，动物性食品安全问题已经引起了全社会的关注。同时，养猪规模化程度的不断提高，猪群传染病病种日益增多、病情日趋复杂，养猪业所受威胁在日益加大，"养猪日趋艰难"的呼声不再是少数人的呐喊。笔者认为应该从养猪模式上考虑：发展标准化养猪模式，促进养猪产业的健康发展。

一、要点一：实行两点式或三点式饲养模式

标准化养猪在场址的选择上，要把配种分娩舍放在一个场里，保育育肥舍放在另外一个场里，两个场相距最少3千米以上，周边没有其他猪场，实行两点饲养模式；或保育舍和育肥舍再分开，实行三点饲养模式。采取早期断奶技术（16～21日龄断奶），尽早将仔猪和母猪分离这样方面可以保证仔猪断奶后母猪有很好的膘情，能及时发情配种，提高年产胎次。另一方面又可以避免仔猪感染母猪舍病菌；同时，将仔猪转到消毒好的保育舍，可以提高仔猪的饲料报酬和成活率。泰国庄他武里CPF种猪场（3 500头母猪）仔猪采用16～21天断奶，断奶平均头数9.5～10头，断奶平均重5.5～6千克，断奶后将仔猪送到3千米以外的庄他武里CPF保育育肥场，保育成活率在97%上。母猪年产胎次2.4胎。我国养猪场大多是将配种舍、分娩舍、保育舍、育肥舍建在一个场里，猪舍间距一般在6米左右，有的猪场周边还有其他猪场或离公路较近，因此容易感染传染病。大多数猪场断奶一般在28～30天，断奶后母猪体质差、瘦弱，发情延迟，年产胎次在2.0左右，生产效率低下，经济效益差。

二、要点二：走"四化"之路

泰国卜蜂集团（CPF集团）在泰国有24个大猪场（2 000头以上母猪），有3 000头母猪的GGP猪场，3 500头母猪的GP猪场，PS猪场最小的也有2 400头母猪。猪场"规模化、集约化、机械化、现代化"（简称"四化"）程

度都非常高，完全按标准化进行生产。CPF集团已经做到了一个人饲养3 000头育肥猪的标准化生产。在庄他武里CPF猪场（有3 500头母猪），全都使用CPF集团标准化的猪舍。人工控制猪舍环境，纵向通风，水帘降温。虽然泰国全年都是炎热的夏季，但是猪只生活在全密闭的舒适环境，猪的生产潜力得以充分发挥。我国的猪场规模化、集约化、机械化、标准化程度不高，一般猪场有母猪200～1 000头，猪舍建筑环境大多不能人为控制，不能按标准化进行生产。因此大多数猪场的生产效率不高，经济效益不好。

三、要点三：制定各环节标准

泰国CPF集团，对猪舍建筑、设备配置等各个环节都制定了相关标准，完全按照标准进行建设。而我国猪场的标准化做得不到位，标准制定得不详细，各个环节设计得不到位，即使制定了标准，执行也不到位。例如，我国建设的某些标准化猪舍，风机水帘很不标准。标准化养猪场一定要按要求安装合适的畜牧专用风机，这样才能保证猪舍的通风换气和降温。水帘的尺寸要合适，且要选用优质纸水帘。有的猪场用窗纱、空心砖等自做水帘，这样的效果很差，达不到降温的目的。泰国庄他武里CPF猪场选用优质的纸水帘，猪舍的一侧墙上全部安装了纸水帘，另一侧安装了6～8个直径1.4米的畜牧专用风机（风机大小、数量，水帘尺寸根据标准而定），由一个温控器根据猪舍需要温度控制风机的开启个数，同时控制水帘的滴水时间，达到有效控制猪舍温度的目的。在我国西北地区的某些标准化育肥舍里没有安装水帘，风机没按要求安装。这不仅严重影响了猪场的生产成绩，同时猪会因热应激而导致发病，特别是出现呼吸道疾病。因此，在标准化养猪中，猪舍建筑材料、各种设备一定要达到标准。

泰国CPF集团给不同类型各个阶段的猪制定了营养标准。不论是妊娠母猪还是分娩母猪，技术人员都会根据猪的膘情评分标准制定每头猪每顿的饲喂量。而我国的猪群在饲喂中的营养标准参差不齐，有些场家只图便宜给猪饲喂一些低价劣质的饲料，这严重影响猪只生产效率的发挥；有的场家给猪的料量不准确，结果造成猪只过肥或过瘦。在泰国CPF集团，仔猪接生、打耳号、磨牙、护理，温度控制，预防，喂料等各个环节都制定标准，饲养员都遵循着一系列的标准，做好猪场中的每一项工作。

四、要点四：严格控制种猪、育肥仔猪的来源

泰国CPF集团有自己的GGP猪场、GP猪场、PS猪场，种猪、商品猪都由自己生产。CPF集团还有农民代养、集团自养、农户自养（按市场价回收）种猪和商品育肥猪。CPF集团有原种长白猪、约克夏猪、杜洛克猪，父母代主要生产杜×长×大三元经济杂交商品猪，也有的场生产皮×杜×长×大四元经济杂交商品猪。猪的品种好、体形好，都是双肌臀，猪生长速度快、瘦肉率高，免疫预防好，猪只健康。

五、要点五：从源头控制生产安全

CPF集团的小龙事业线在泰国一共有63个"一条龙作业"公司，猪事业线的小龙项目也红红火火。小龙作业主要通过三种方式进行，即集团自养、农户自养（市场价回收）、农户代养（保价回收），其中农户代养的最小规模为父母代种猪场500头、商品猪600头，他们完全按照CPF集团的要求进行标准化生产。另外，小龙公司还发展了300多家的产品销售连锁经营店，形成了生产、加工、销售一条龙的作业。发展一条龙作业，从源头上控制了养猪各个环节的食品安全，做到了产品可追溯。

六、要点六：建立生态养猪模式

泰国CPF庄他武里猪场，有生产母猪3 500头，猪场排污排粪量非常大。为了不污染环境，他们建立了沼气池，产生的沼气用于发电，供全场使用。这不但节约了猪场开支，也保护了猪场及周边的环境，猪场周围闻不到臭气，也没有苍蝇滋生。这种养殖模式，不仅保护了环境，而且资源还可再利用。因此，我国的标准化养猪也应参考这种养殖模式，以促进养猪业的可持续、健康发展。

第二节　猪标准化饲养管理

现代养猪的标准化、集约化、规模化发展，要求整个猪生产过程的连续

性和均衡性，全进全出和均衡生产的一条龙模式是现代标准化生产的主要特点。因此，根据猪的生物学特性和行为学特性进行科学饲养管理，保证各个饲养环节的均衡、充分利用设备就显得十分重要。科学的饲养管理是提高经济效益的重要手段。

一、猪的一般饲养管理原则

（1）科学配制日粮 猪属于杂食性动物，对饲料具有广泛的适应性，而且具有较高的消化力。根据各类猪群的生理需求，科学配制各类猪群的日粮，保证日粮营养的全面均衡，对提高猪的生产成绩、降低成本具有重要意义。另外，营养搭配是否合理对于减少猪群应激和改善酮体品质也有不可忽视的作用。猪的饲料成本占养猪成本的75%～80%及以上，要选择质量稳定、性价比高，能发挥猪只最大生长潜力的饲料。

（2）猪只饲喂方法 限量饲喂是限制饲料的喂量，分次饲喂；自由采食是不限量，将饲料放于食槽让猪自由采食。对于公猪、空怀母猪和妊娠母猪，为了控制膘情，要限量饲喂；对于育肥猪，后期适当限量有利于减少脂肪沉积，提高瘦肉率。限量饲喂只有做到定时、定量、定质，才能取得良好的饲养效果。

（3）供给充足饮水 水是猪体的重要组成成分之一，对饲料的消化、吸收和体温调节等生理功能起着十分重要的作用。提供的水不充足或被污染，都会给猪的生长和健康带来不利影响。猪的饮水量随饲料的种类、饲喂方法、气候变化等因素有所不同。标准化猪舍一般都装有自动饮水器让猪只自由饮水，但使用时要注意饮水器的水流速度，要根据各猪群特点需求做相应调整。一般水流速度：母猪2 000毫升/分钟，商品猪500～2 000毫升/分钟，水流速度过大或过小都会影响猪的饮水量，可通过水箱的高度来调整饮水器水流速度。另外，每天要检查饮水器是否流水，避免其被杂物堵塞。

（4）给猪舍提供适应的光照强度 大量试验证明，母猪舍内的光照强度以60～100勒克斯为宜，育肥猪则以40～50勒克斯为宜。目前一般认为，在育肥期内过强的光照会引起猪精神兴奋，减少休息时间，增加甲状腺的分泌，提高代谢率，从而影响增重和饲料利用率，因此应减弱光照强度。光照强度可影响猪的行为，如当光照强度为0.5勒克斯时，猪站立和活动时间较短，睡眠和躺卧时间较长；当光明照度为40勒克斯时，猪的活动量增多，休息减少。因此，在标准化育肥舍中，猪舍的光照强度应以能看清舍内全貌为宜（表2-1）。

表2-1　标准化育肥舍所需的光照强度

光照强度（勒克斯）	活动	站立	采食	躺卧和睡眠
0.5	11.2	4.3	21	6.3
4	2.8	23.1	24.1	24.8

（5）创造猪舍适宜环境　猪舍的适宜环境包括的温度、湿度、光度、通风、饲养密度等。夏天注意防暑，冬天注意保温。标准化猪舍大都人为控制环境。夏天通过水帘降温，冬天通过地暖保温。

（6）精心护理猪群　养猪除了科学饲喂方法外，还需要做到精心护理。精心护理猪群要做到"六净、三看、四及时"。"六净"，指圈净、槽净、食净、水净、地面净、猪体净。"三看"，指平时看猪精神、喂时看食欲、打扫圈舍时看粪便。"四及时"，指及时注射疫苗预防、及时驱虫、及时消毒圈舍、及时隔离并治疗病猪。

（7）全进全出，均衡生产　标准化养猪要做到全进全出，一方面可减少疫病的发生，防止疫病在不同猪群之间传播；另一方面便于管理，节省成本。在当前疫病复杂的情况下，全进全出的管理方式对猪场尤为重要。

二、哺乳母猪的标准化饲养管理

> ● 管理目标：努力提高母猪的采食量，使其摄入更多的营养，产出更多的奶，哺育出更多体重大的健康仔猪；同时，哺乳期母猪体重下降要适当，以维持较好的体况，这样断奶后才能及时发情。

1. 接生技术

（1）接生准备工作　根据母猪预产期提前1周准备好产房，对产房进行彻底消毒。当母猪出现临产症状时，将母猪腹部、乳房和外阴部彻底清洗后消毒。准备好干净且消毒过的垫料及接生用具，主要用具有毛巾、脸盆、消毒液、5%碘酒、剪刀、缝合线、保温箱、剪牙钳、台秤等，产房要保持安静。

（2）接生的技术要求　仔猪出生后，接产人员应立即用毛巾将仔猪口鼻中的黏液擦净，再将全身擦净，也可用接生粉把仔猪全身擦干净。然后给仔猪断脐，先将脐带内血液向仔猪腹部方向挤压，距离腹壁3～4厘米处揉断脐，断端涂5%碘酒以防出现破伤风。剪去犬齿，称重，打耳号，做好记录，建立生产档案。把仔猪放入保温箱，温度控制在35℃左右，待其身体干后再进行哺乳和固定奶头。

（3）难产的处理　当妊娠母猪羊水流出后半小时内出现努责，且2小时还产不出仔猪时，可能为难产，需进行人工助产。将手臂消毒后伸入产道，抓住仔猪后随母猪努责将仔猪掏出。

2.哺乳母猪的标准化饲养管理要求

（1）饲喂全价饲料　给哺乳母猪饲喂营养全面的哺乳母猪全价饲料，饲料中粗蛋白含量占17%～18%，消化能含量占3 200～3 400千卡*/千克。

（2）做好接生准备　母猪产前1周消毒后进入已消过毒的产房，准备接生用品，接好红外线保温灯。

（3）产前与产后饲喂　母猪产前3天应减少喂量，产前2天少喂，产前当天不喂；产后第1～2天少喂，产后第3天的喂量比第2天适当增加，产后第4天喂正常量，以后逐步加量。母猪产后第4天应增加饲喂次数，每天喂5次，以喂饱为原则，尽量增加采食量（母猪每带1头小猪，采食量应增加0.2千克以上），一般哺乳期母猪日采食量为7～9千克。

（4）饮水　哺乳期母猪每天饮水量为10～15千克，因此应给其提供足够的饮水量。

（5）注意产前观察　母猪产前1周外阴红肿，尾根两侧下陷，俗称"塌跨"。产前1天左右乳房能挤出奶水，当最后1对乳头挤出乳白色乳汁时，则母猪会在8小时以后分娩。产前2小时左右母猪躺卧不安，频频排尿，羊水破裂后10～20分钟分娩。

（6）药物治疗或催奶　当母猪发生乳房炎或无奶时，要及时用药物治疗或催奶。

（7）断奶前后饲喂　母猪断奶前3天，逐步减少饲料喂量，断奶当天不喂料。当断奶2～3天不再分泌乳汁后，才能增加饲料喂量进行催情饲养。

（8）按免疫程序给母猪做好预防接种及消毒工作，及时对母猪乳头消毒。

---

*千卡为非法定计量单位。1千卡≈4.19×10³焦耳。

三、哺乳仔猪的标准化饲养管理

> ● **管理目标：** 获得最高的成活率，达到最大的断奶窝重和最大的断奶个体重。断奶育成率95%以上，21天断奶平均体重6千克以上，28天断奶平均体重8千克以上。

（1）**仔猪生理特点**　仔猪发育快，代谢旺盛；消化器官不发达，消化腺机能不完善；调节体温机能不完全，抗寒能力差；先天性缺乏免疫力，免疫系统不完善。

（2）**仔猪疾病的预防与环境温度的关系**　仔猪出生后，剪除犬齿，断尾，放在保温箱内。保温箱内的温度：仔猪出生1～3日龄时保持在32～35℃；4～7日龄，保持在30～32℃。保温箱用250瓦红外线灯加温，天气寒冷时可在保温箱内加电热板取暖。猪舍温度8～15日龄，28～30℃；15～60日龄，26～28℃，之后应控制在20～25℃。

（3）**固定好奶头，吃好初乳**　仔猪出生后在保温箱内前3天每隔1小时喂奶1次，以固定好奶头，把弱小的仔猪固定在从前向后第2、第3对奶头上。前3天的奶叫初乳，初乳中含有许多免疫球蛋白，可以增强仔猪抵抗疾病的能力。因此，一定要让仔猪早吃初乳、吃好初乳。

（4）**补铁补硒**　仔猪出生后，会因铁的不足出现缺铁性贫血、下痢等，适时补铁可促进仔猪发育，提高其抗病能力。因此应在2～3日龄给仔猪进行补铁补硒，可肌内注射铁剂，10日龄再补一次。

（5）**补饲**　仔猪出生第5天开始补料。要选择优质的开口料，早日补饲，早日开口，也可人工强制补料。

（6）**补水**　仔猪生长迅速，代谢旺盛，需要水量多，因此从出生第5天应开始补充饮水。在饮水中可加入一些合适的保健剂，如超能（多功能保健剂，防腹泻，增强抵抗力，提高成活率），1吨水中加入1千克超能，仔猪出生后第4天自由饮水至断奶后1周，效果较好。

（7）**去势**　出生后7～15日龄给小公猪去势。

（8）**免疫**　按免疫程序及时给仔猪做好预防接种工作，防止传染病发生。

（9）**消毒**　仔猪出生后每3天对猪舍进行一次彻底消毒。猪舍要保持安静，湿度为65%～75%。

（10）**转舍**　21日龄或28日龄仔猪断奶，断奶后在原圈原窝内再饲喂1周后转入保育舍。

（11）**防病**　主要预防仔猪黄痢、白痢，多见于产后3～5日龄和15～20日龄的仔猪。主要措施是加强卫生和消毒工作，提高温度，加强补液，防止出现酸碱中毒。

（12）**吃足奶**　经常检查母猪的泌乳状况和乳猪吃奶情况，发现缺奶或有乳房炎时要及时采取措施催奶、治疗。对采食量小、体况较瘦的母猪应增加饲喂次数，以提高母猪的泌乳能力，减少因母猪缺奶而造成的经济损失。

（13）**引起仔猪下痢的疾病原因**　仔猪腹泻综合征、大肠杆菌病、猪瘟早期或隐性猪瘟、猪伪狂犬病、猪流行性腹泻、猪传染性胃肠炎、猪痢疾、猪梭菌病（红痢）、猪轮状病毒感染、猪球虫病、仔猪副伤寒病都可引起仔猪下痢。发生仔猪腹泻综合征后1周之内仔猪的死亡率达90%～100%，因此只有母猪健康，所产的仔猪才能成活。

（14）**引起仔猪下痢的非疾病原因**　猪低血糖、仔猪消化不良、母猪无乳症、母猪乳房炎、母猪发热、母猪黄曲霉中毒等也会引起仔猪下痢。

四、断奶仔猪的标准化饲养管理

> ● **管理目标：**提高保育猪成活率，降低断奶引起的生长滞缓，防止仔猪掉队，提高猪群的均匀度。保育期育成率97%以上，21天断奶的仔猪保育30天体重达到16千克以上，或28天断奶的仔猪保育30天体重达到22千克以上，猪群的均匀度在98%左右。

（1）**环境适宜**　仔猪断奶后原圈原窝转入保育舍，保育舍温度应保持在26℃以上，要求圈舍干净、卫生、通风良好、饲养密度不宜太大等。

（2）**保持充足的饮水**　断奶后要给仔猪提供清洁的饮水，同时在水中添加预防仔猪出现应激的药物。

（3）**更换饲料**　饲料不宜更过早换，断奶后保持原有饲料继续饲喂5～7天。断奶后2～3天不要饲喂过多，每顿喂量是原有的1/3，每天饲喂8次，3～4天后逐渐增加喂量，1周后自由采食，饲喂保育猪饲料。

（4）**调教猪群**　及时调教猪群，做到三定位。圈舍要求要干净，温度适宜。平养圈舍饲养时训练猪定点排粪、定点睡觉、定点吃料。戏水池要及时冲洗干净。

（5）**防止咬尾**　保育猪进保育舍10天以后，应根据体重大小分群饲养，密度不宜过大，一般每只猪至少为0.5米^{2}左右的饲养面积，同时注意通风换气。可在圈舍吊一只皮球分散仔猪的注意力。大小体况相当的仔猪要饲养在同一个栏中，避免以大欺小、以强欺弱。

（6）**处理僵猪**　仔猪经一段时间的饲养后，往往会出现僵猪，严重影响经济效益。对僵猪要采取增加营养、驱虫、消食健胃、治疗贫血、抗菌治疗等综合措施。严格按免疫程序做好预防接种工作，严防传染病的发生。

（7）**仔猪断奶后常见疾病**　主要有猪副嗜血杆菌病、猪链球菌病、圆环病毒病、非典型性猪瘟、猪蓝耳病、猪水肿病、仔猪副伤寒等。

五、商品猪的标准化饲养管理

> ➡ **管理目标**：提高商品猪的成活率，解决患慢性肺炎对饲料的消耗，控制提前出栏和提高饲料报酬，降低料重比。技术指标：220～240千克出栏，料重比在2.4左右，成活率在97%以上，猪只出栏均匀度在98%以上。

（1）**饲喂**　商品猪的生长发育特点是：体重在30千克以内主要长骨骼，30～70千克主要长肌肉，70千克至出栏主要长脂肪，因此在不同的体重阶段应饲喂不同的饲料。目前商品猪的饲喂主要以自由采食为主，满足猪只营养需求。

（2）**驱虫**　商品猪上圈15～20天驱虫一次，间隔1个月再驱一次。饲料中添加驱虫药1千克/吨，连用7天。另外，每隔15天对猪体喷洒驱除体外寄生虫的药物，以驱除体外寄生虫。

（3）**饮水**　供给猪只充足、干净的饮水，饮水器高度与猪体平行，并能适时调整饮水器高度，饮水器流速以仔猪500毫升/分钟、大猪2 000毫升/分钟为宜。

（4）**做到三定位**　调教猪只定点吃食、定点睡觉、定点排便，保证圈舍干净卫生。

(5) **适宜的饲养密度** 一般情况下，一头商品猪所占的面积是 1 ～ 1.2 米 ^{2}，一个猪栏饲养 20 头左右，不要饲养太多。

(6) **防止出现常见病** 猪支原体肺炎、猪副嗜血杆菌病、猪链球菌病、猪传染性胸膜肺炎等造成猪的呼吸道综合征，增加猪的死亡率高，导致出栏时间推迟。

猪场当前出现的呼吸道疾病主要表现为病毒、细菌等多种病原的混合感染。主要是猪只自身携带的病毒、病菌长期存在，很难根除，另外还有外界的传染病原。这些病原混合感染后导致猪只肺部坏死（坏死的肺部不可能再变好）。一般 30 天发病一次，不发病的则转为慢性肺炎，猪只消瘦，生长速度缓慢，饲料利用率低，使猪只推迟出栏 10 ～ 15d。

第三节 后备母猪的选择及饲喂保健

在标准化养猪的众多环节中，后备母猪的选择和饲喂保健是猪场建好后开始养猪的第一步，也是最关键的一个环节，因为它关系猪场以后的生产效率和经济效益。后备母猪的选择和饲喂保健包括后备母猪品种的选择、后备母猪的选留要求、后备母猪的营养要求及饲喂需求、后备母猪的饲养管理四个方面，为猪场以后的生产创造良好的开端，这五个方面都到高标准，严要求，每个方面都做好。母猪是猪场的生产机器，生产母猪的性能和健康决定猪场未来三四年的生产成绩和经济效益。

一、后备母猪品种的选择

猪的品种不同，其产仔数、瘦肉率、生长速度、饲料报酬等也不同。在标准化养猪中，要选择产仔数多、瘦肉率高、生长速度快、饲料报酬高、抗病能力强、经济效益高的品种。根据国外和我国多年养猪实际情况，推荐以下几个品种和杂交配套方案。

1. 品种

(1) **大约克夏猪（Y）** 又称大白猪，原产于英国。该品种猪体躯较深长，被毛白色，背平，四肢较高，大腿丰满，肌肉发达。头、颈比长白猪的稍短，脸微凹，耳中等大、直立。胸部充实。后躯深长。成年公猪体重300～450千克。育肥猪生长速度快，饲料报酬高，肉品质好。180日龄体重可达100千克，日增重700克左右，料重比（2.8～3.0）：1。体重90千克时，屠宰率为71%～73%，酮体瘦肉率为60%～65%。

（2）杜洛克（D）　别名红毛猪，原产于美国。全身被毛呈金黄色或棕红色，色泽深浅不一，淡红色和棕红色均为纯种特征。耳稍向前倾，中等大小，耳根直立，从耳中部向下垂。头小、清秀，面部微凹，背部呈弓形，体躯宽大。胸宽而深，后躯丰满，四肢粗壮结实，蹄部呈黑色而直立。成年公猪体重300～450千克，成年母猪体重300～390千克。在饲养好的条件下育肥猪生长速度快，饲料报酬高。180日龄体重可达90千克，日增重650～750克，料重比2.99：1。体重100千克时，屠宰率为75%，酮体瘦肉率为61%。

（3）长白猪（L）　原名兰德瑞斯，产于丹麦，是当代世界上优秀的瘦肉型猪种之一。全身被毛洁白而光亮，皮肤呈淡粉红色，耳大前伸或下垂，头稍轻直长，背部平直，中躯较大。肋骨16～17对，比其他猪种多1～2对，故称"多肋猪"。腹部较小。臀部发达，呈方形，后臀肌肉丰满。乳头6～7对。成年公猪体重250～350千克，成年母猪体重220～300千克。

长白猪具有体型大、长得快、瘦肉率高、肉质好、屠宰率高、性情温顺等特点。在饲养条件较好的情况下，180日龄体重可达90千克以上。日增重600～700克，料重比（3～3.5）：1。体重90千克时，屠宰率为75%，酮体瘦肉率62%～65%。

（4）皮特兰（P）　原产比利时，瘦肉中型猪。被毛呈大块黑白花，灰白花斑且夹有红毛。耳中等大小，微向前倾。体躯短，背宽大。最大的特点是眼肌面积大，后腿丰满。产仔数10头左右，生长速度较缓慢，尤其是在体重90千克以上时，生长速度显著减慢。屠宰率为74%，酮体瘦肉率为67%。

2.杂交配套品质

（1）二元杂交模式　L（♂）×Y（♀）→LY或Y（♂）×L（♀）→YL。

（2）三元杂交模式　D（♂）×LY（♀）→DLY或D（♂）×YL（♀）→DYL。

（3）四元杂交模式　P（♂）×D（♀）→PD（♂）或L（♂）×Y（♀）→LY（♀）或PD（♂）×LY（♀）→PDLY。

3. 标准化猪场品种选择

（1）父母代猪场　选长白母猪、约克母猪、杜洛克公猪。

（2）商品猪繁殖场　选杜洛克公猪或皮杜公猪。

（3）三元杂交猪和四元杂交猪的优点　三元经济杂交DLY商品猪和四元经济杂交PDLY商品猪的优点主要有：①生长速度快，平均日增重770～800克，饲料报酬高，料重比为（2.4～2.6）：1；②瘦肉率高，平均可达到63%；③臀部丰满度好，大腿比例明显增大，这对瘦肉产量和质量的提高起到良好作用；④市场销售价格高，每千克体重比一般商品猪卖价高0.8～1.4元。

二、后备母猪的选留要求

仔猪断奶后，应严格按照育种计划的要求对仔猪进行选拔和分群。在选择时，除了要考虑理想的种猪体型，还要注意后备猪的健康情况及生长发育情况。后备母猪生长发育正常与否，关系猪群是否高产和稳定，应从优良母猪的后代中选留。优良母猪一般都具有较高的繁殖性能和相应的遗传、生理、行为和体型等特点。选留后备母猪除了按母猪的系谱选留外，还应注意：①体况中等偏上，身体发育均匀，体格较长，阴户较大；②有6对或6对以上乳头，且排列整齐，无瞎乳头；③四肢健壮整齐，系部直立，无X和O形腿；④性情温顺，采食速度快，卫生习惯好，易于管理。

三、后备母猪的营养需求及饲喂需求

后备母猪的生长发育必须良好。日粮上，应能满足后备母猪骨骼、肌肉生长发育所需的营养，同时在饲喂上尽量做到定时定量；也可前期自由采食，后期进行限量饲喂。在保证满足所需营养的前提下，多用优质的糠麸饲料和青饲料，可以补充丰富的维生素和微量元素。

（1）营养需求　后备母猪的营养既不同于经产母猪，也不同于商品猪，含15%粗蛋白和0.7%氨基酸的饲料即可满足，但钙、磷含量需求较高。一般从20千克体重起，留种用的小母猪可比商品猪所需的粗蛋白、赖氨酸及钙、磷含量均提高7%～10%。后备母猪应饲喂全价配合饲料，防止过瘦过肥引起性成熟延迟。

（2）饲养需求　后备母猪实行小群饲养，限量饲喂，每栏3～5头，按吊架子猪饲养。

四、后备母猪的饲养管理

为了保证后备母猪骨骼和肌肉的正常发育，保证结构匀称，防止过肥，应加强其运动，锻炼四肢，增强体质，诱发性活动能力。在后备猪的日常管理上，要保持圈舍干燥清洁，定期消毒，保持良好的通风换气。定期驱除体外寄生虫，防止皮肤病发生，饲养人员应经常和猪亲近，严禁粗暴地对待母猪。要尽量调教后备母猪，使其养成"吃、睡、便"三定位的好习惯。保护好后备猪的蹄部。

后备母猪瘦肉型品种要求10月龄体重达到120～130千克时再配种，发情后第3～4天配种可以提高受胎率和产仔数。另外，管理人员要按照免疫程序和药物保健程序做好疫病预防工作。只有培育一个健康的种猪群，才能产出健康的仔猪。

总之，后备母猪的培育是养猪的第一步。只有选好，并养好后备母猪，才能为以后有一个高效、稳定的生产母猪群做好基础，为猪场取得良好的生产成绩和经济效益奠定基础。

第四节　母猪配种准备

在标准化养猪的众多环节中，母猪配种前的准备工作很重要。一旦配种成功，妊娠期在114天左右，这期间后备母猪会消耗大量的配合饲料。如果没充分做好母猪配种前的准备工作，盲目配种，则导致母猪产仔数低、产死胎、产弱仔；所产的仔猪不健康，易生病；产后母猪奶水不足，无奶；母猪断奶后不易配种等严重问题。因此在给母猪配种前，要对后备母猪及经产母猪进行健康检查、发情调节、免疫保健、合理饲喂及科学管理。

一、健康检查

（1）种猪的健康标准及检疫　优良母猪的生产性能取决于遗传基因和

健康状态两个方面。外购后备母猪应注意做好预选、隔离检疫、免疫和驱虫工作。

（2）种源的净化 种猪最好来自同一个猪群，同源引进，定期检疫净化。淘汰弱病个体母猪，防止弱病母猪的疫病在猪场蔓延和对仔猪的垂直传播，同时减少带病个体母猪配种后生产性能差对猪场造成的损失。一个猪场猪群每年应有30%～40%的种群更替。由于新品种的引入给猪场疫病的侵入增加了很大概率，因此为了避免种源间传播疫病，必须指定一个合理的"猪群更替方案"。

（3）配种前的临床检查 后备母猪及经产母猪临床检查从运动、休息、摄食、饮水和检温这几个环节着手。运动检查一般在进（出）场，或换舍，或其他情况下进行。健康猪精神活泼，行走稳定，步态矫健，两眼直视，摇头摆尾随大群猪并进，偶尔触动则发出洪亮叫声。病猪则表现精神沉郁或过度兴奋，低头垂背，行动迟缓，弓腰曲背，腹部卷缩，走路靠边或跛行掉队等。在运动检查时，也可听猪的声音，对呻吟、咳嗽或有异常鼻音的猪，要特别注意。同时看猪的眼、鼻是否有分泌物，颈部是否肿胀，尾部是否被稀粪沾污等。对有异常表现的猪，做上标记并剔除。

休息时的检查一般在舍内进行。首先看猪的站立和睡卧姿态。健康猪站立平稳或来回走动，不断发出"吭吭"声，见人走近则凝神而视，表现出警惕的姿态；休息时多侧卧，四肢舒展伸直。病猪则多站立一边，鼻镜触地，全身颤抖或独睡一处；肺部有病变时，常两前肢伸前着地而伏卧，而且嘴置于前肢或枕在其他猪体上，有时呈犬坐式。健康猪呼吸深长而平稳，被毛有光泽。病猪呼吸急促，喘息，呼吸次数增加，被毛粗乱无光。最后检查头部、皮肤和肛门。发现有病态的猪，均做标志，加以剔除。

摄食和饮水检查时，健康猪表现争先恐后，急奔食槽，到食槽后嘴巴直入槽底，大口吞吃。病猪则往往不自行走近食槽，也不爱吃食，有的吃一点，有的只是嗅食，有的猪吃不饱，表现肷窝部塌陷凡是有以上情况的猪，应随时标出，以进一步检查。

体温检查很重要。猪患急性传染病时，大多表现体温升高，因此体温检查是大群临床检疫的一个非常必要的步骤。猪体温检测一般是用体温计插入直肠3～5分钟，以直肠温度代替体温。健康猪的体温，一般为37.0～39.0℃，种猪37.0～38.0℃。将体温异常的猪加以标记，以进一步检查。

二、发情调节

（1）**母猪的初情期、性成熟及适配年龄**　母猪第一次发情或排卵的年龄称为初情期。母猪的初情期多见于2～6月龄。性成熟是一个过程，它是在初情期后较晚时候出现，也是生殖机能达到了比较成熟的阶段，与初情期有所不同。母猪性成熟为5～8月龄，此时身体的正常发育还未完善，不宜配种，以免影响母猪和胎儿的生长发育。适配年龄是指母猪开始配种的年龄。国外引入品种和我国培育的品种初情期和性成熟比较晚，一般以9月龄，体重达125千克以上开始配种为宜。生产中往往以母猪发情后第3个情期配种为宜。

（2）**母猪的发情周期**　母猪到了初情期后，卵巢中规律性地进行着卵泡成熟和排卵过程，如果不妊娠，就又周期性重演。发情周期一般为18～23天，平均21天。发情期周期分4个阶段：发情前期、发情期、发情后期、间情期。

发情前期，是指母猪卵泡准备发育的时期，从外阴部发红、肿胀到接受公猪爬跨为止。此期母猪外阴轻微充血肿胀，阴道黏膜由浅变深，精神状态有所变化，对周围环境敏感，不安，但母猪无性欲表现，不接受公猪爬跨。发情期是指母猪从接受公猪开始到拒绝公猪爬跨为止。此期母猪外阴部充血肿胀明显，腺体活动明显增强，阴户流出黏液，多数在此阶段下半段排卵。母猪接受公猪爬跨，或寻找公猪。用手压母猪背部，则其呆立不动，两后腿分开，此时可配种。发情后期是指母猪从拒绝公猪爬跨到发情症状消失为止。此时母猪安静，子宫颈管逐渐收缩。间情期是指母猪从这次发情症状消失到下次发情出现的时间，又称休情期。母猪发情持续期是指每次发情开始到休止的时间，包括发情前期、发情期和发情后期。初产母猪的发情持续期长于经产母猪，一般3～5天，最长7～8天。母猪排卵时一般发育成熟的有卵子10～20个。猪的排卵发生在发情后38～42小时。因此，适宜的配种时间是经产母猪早配，初产母猪晚配，俗语叫"老配早，少配晚，不老不少配中间"。

（3）**母猪的发情鉴定**　正确掌握母猪发情规律并适时配种，是提高受胎率和产仔数的关键。猪是常年发情动物，一半发情期为21天，提前或推后2～3天亦属正常。

母猪开始发情的症状是：①减食或停食；②阴户红肿，流出黏液；③频频排尿；④举动不稳，爬跨别的母猪，或接受公猪爬跨；⑤用手按压母猪腰臀部则母猪站立不动，两耳竖立。具有上述症状时，说明母猪发情成熟，正在排卵，可配种。

一般在母猪发情后的第2天或第3天两次配种比较好，但在生产中要掌握"老配早，少配晚，不老不少配中间"，也可以根据母猪的表现来确定适当的配种时间。

（4）促使母猪正常发情排卵和受孕的措施　在正常的饲养管理条件下，母猪一般都能正常发情、排卵和妊娠。个别膘情正常、生殖道无病的母猪不发情，多发生在初配母猪或初产母猪，可以采用以下方法催情：

①试情公猪诱导法　即早、晚把公猪赶到母猪栏内让公猪追逐爬跨，促使母猪发情。

②乳房按摩法　让母猪侧卧，用手逐个按摩其乳房。按摩时手要轻稳，用力适当，每次约15分钟，每天1～2次。

③药物催情

A.超能100克、催情散100克，拌100千克饲料，饲喂7天。

B.绒毛膜促性腺激素，对发情和排卵均有良好的效果。中型母猪，每次肌内注射1 000万单位。

三、免疫保健

（1）后备母猪的免疫保健　后备母猪配种前2个月，在饲料中添加药物保健一次。主要目的是控制母猪体内病毒，清除体内毒素，解除免疫抑制，提高机体抵抗力，有效控制仔猪腹泻综合征的发生。在配种前1.5月对后备母猪接种猪细小病毒疫苗（接种2次，间隔21天）、猪伪狂犬病疫苗、猪口蹄疫疫苗及猪瘟疫苗。两种疫苗接种时间间隔1周，接种剂量按说明书使用。

（2）经产母猪的免疫保健　经产母猪每半年在饲料中加药保健一次。按免疫程序接种猪细小病毒疫苗（只做前2胎）、猪伪狂犬病疫苗、猪口蹄疫疫苗、猪瘟疫苗及猪圆环病毒疫苗。两种疫苗接种时间间隔1周，接种剂量按说明书使用。

四、合理饲喂

（1）后备母猪配种前的饲喂　后备母猪前期（20千克或30～50千克或60千克）所需能量水平略高，后期（50千克或60千克至初次配种）可采取限量饲喂的措施，适当控制生长速度，让猪架子拉开，日增重在400～750克以内，能量水平接近妊娠母猪的即可。后备母猪是在培育后期限饲，但在配种前1周，采取催情补饲的措施（1头猪可增加平时喂量的30%～40%），可在短期内增加膘情，提高排卵数和产仔数。必须使用后备母猪专用饲料，不能用育肥猪料。

（2）经产母猪配种前的饲喂　因为哺乳母猪在哺乳期内体重损失严重，掉膘厉害，消耗体内大量养分，体况偏瘦。所以哺乳母猪断奶后应继续喂哺乳母猪饲料，喂量为哺乳期的70%～80%，以加强营养，恢复膘情。但早期断奶饲喂视母猪膘情而定，不要喂得太多，以免太肥造成乳房炎的发生，同时影响下次发情和配种。一般情况下，母猪断奶后3～7天发情，配种。因此断奶后3天，要细心观察母猪发情表现，并适时安排配种。

五、科学管理

母猪配种前每圈饲养3头或3头以下；也可限位栏饲养，以防抢食，造成表情肥瘦差异大。前期母猪每天喂2～3次，后期每天喂2次。饲料可以是颗粒状或粉状，粉状料也可按料水1：1拌成干湿料饲喂，防止因抢食造成粉尘导致异物性肺炎的发生。饲喂后给母猪提供清洁饮水，或直接使用自动饮水器。每天坚持给母猪梳刮，使母猪性情温和，易于和人接近。此外，尽量让母猪在圈外活动。

一般新培育品种和外国引入品种，配种时间为9～10月龄，体重在110千克以上；地方品种为6～7月龄，体重在80～90千克，即从初配母猪的第三个发情期开始配种。

总之，猪场生产成绩的高低，猪场健康状况的好坏，母猪配种前的准备工作起决定性作用，必须高度重视。只有做好了前期的工作，进入生产的母猪健康、高产，才能为后期猪场取得优秀的生产成绩和良好的经济效益奠定较好的基础。

第五节　母猪配种要点及孕期管理

在标准化养猪的众多环节中，母猪配种及孕期管理最重要。母猪配种是猪场最重要的技术工作之一。如果掌握不好母猪发情鉴定，造成母猪空怀，会导致母猪白吃21天（母猪的发情周期为21天）饲料；如果配种时间和方法掌握不好或妊娠鉴定不准确，造成母猪怀仔猪数少或空怀，会导致母猪多吃（妊娠期114天左右）饲料，给猪场造成严重的饲料浪费，造成巨大的经济损失。因此，母猪配种及孕期管理在标准化猪场非常重要，也是猪场最重要的技术工作。

一、精液质量检查

（1）**精液品质检查** 一般公猪射精量为150～500毫升，正常精液颜色为乳白色或灰白色，如果精液颜色异常应废弃。精子活力在0.7～0.8以上，pH6.8～7.8，精子浓度为1亿～2.5亿个/毫升，形态正常率达82%以上。采精后，首先肉眼观察射精量、精液颜色及混浊度等。如精液有异味、尿味或其他怪味则不能使用。

（2）**精子活力检查** 精子活力的测定方法是：将显微镜置于37～38℃的保温箱内，用玻璃棒蘸取一滴精液，滴于载玻片的中央，盖上盖玻片，置于显微镜下（600倍）观察。一般情况下精子活力在0.9以上，精子活力低于0.6时应弃之。

（3）**精子密度检查** 精子密度分密、中、稀、无四个等级。实际生产中用玻璃棒将精液轻轻搅拌均匀后，蘸取一滴精液放在显微镜视野中。精子间的空隙小于1个精子的为密（3亿个/毫升以上），小于1～2个精子的为中级（1亿～3亿个/毫升）；小于2～3个精子的为稀（1亿个/毫升以下）；无精子时不能使用。

二、人工授精要点

（1）**采精** 人工授精常用的方法是徒手采精法。把调教好的公猪赶到采精室的假台猪旁边，采精人员戴上医用乳胶手套，将公猪包皮内的尿液挤干净，将包皮和假台猪的后部用0.1%的高锰酸钾溶液擦洗消毒，并用生理盐水冲洗干净，然后脱去乳胶手套。公猪爬上假台猪后，采精人员蹲在假台猪的左后侧或右后侧。当公猪爬跨抽动3～5次且阴茎导出后，采精人员迅速将左手或右手握成空拳，手心向下握住阴茎，用拇指顶住阴茎龟头（握的松紧度以阴茎不滑落为宜）。然后用拇指轻轻拨动龟头，其余四指则一松一紧、有节奏地握住阴茎前端的螺旋部分，使公猪产生快感，促进公猪射精。公猪开始射出的精液多为精清，并且常混有尿液和其他脏物，不必收集。待公猪射出较浓稠的乳白色精液时，立即用另一只手持集精杯在距阴茎龟头斜下 3 ～ 5 厘米处将精液通过纱布过滤后收集在杯内，并随时将纱布上的胶状物弃去，以免影响精液滤过。公猪射精完毕，采精人员应将阴茎送入包皮内，防止阴茎接触到地面而造成损伤或引起感染。之后将公猪轻轻地从假台猪上驱赶下来，不得以粗暴的态度对待公猪。

（2）**精液稀释**　精液稀释的目的是扩大配种头数，延长精子保存时间，便于运输和贮存。稀释精液首先应配制稀释液，然后用稀释液进行稀释。可直接购买已配制好的稀释液使用。

精液稀释方法：根据精子密度及活力、贮存时间及需要输精的母猪头数确定稀释倍数。稀释后每毫升精液中应含有 1 亿 ～ 1.5 亿个活精子，活力不足 0.6 的精液应废弃。密度密级，活力 0.8 以上的可稀释 2 倍；密度中级，活力 0.8 以下稀释 1 倍；密度中级，活力在 0.7 ～ 0.8 者可稀释 0.5 倍。总之，稀释倍数确定后，即可进行精液稀释，稀释液的温度与精液温度应保持一致。稀释时，将稀释液沿瓶壁慢慢倒入精液中，并且边倒边轻轻摇匀。稀释完毕用玻璃棒蘸取一滴进行精子活力检查。

（3）**精液保存**　稀释后即可进行保存。目前多数采用常温液态保存，最佳保存温度为 16 ～ 18℃。为保持这一温度，夏天应将精液保存在恒温箱内，冬天应将精液保存在保温箱内。常温保存可将精液保存 7 天，但在实际中应不超过 3 天。在精液保存时精子大多沉淀在容器底部，应每天将容器倒置 1 ～ 2 次，以保证精子均匀地分布在稀释液中。

（4）**精液运输**　运输精液时，要保持一定的温度，要有详细的说明书、运输单位、运输地点、运输时间、公猪的编号和品种，精液稀释的倍数、密度等也要有合格的规定。在运输过程中要轻拿轻放，防止剧烈震荡和温度变化。当低温保存运输时要加适量的冰块，以维持低温。远距离运输时，一定要注意保温和防震。

（5）**输精技术**　输精人员戴上医用乳胶手套，用 0.1% 的高锰酸钾溶液将母猪外阴及尾巴用生理盐水冲洗干净后消毒。在输精管前端的螺旋体上涂凡士林或润滑剂，用于润滑输精管的尖端。输精时，输精人员一只手分开母猪的阴门，另一只手将输精管螺旋体的尖端紧贴在阴门背部插入阴道，开始向上插入 10 厘米左右后，再沿水平方向插入。边插边逆时针旋转，待进入子宫颈时停止插入，往回拉感觉有阻力时便可输精。取保存好的精液 30 ～ 50 毫升，将输精管与精液瓶连结起来，慢慢注入子宫。输精人员应骑在猪背上然后用另一只手有节奏地按摩母猪的阴门。当有精液流出时，可轻轻地活动输精管直到把输精管内全部精液输完，过几分钟便可抽出输精管。如果母猪在输精时起动，应对母猪的腰角或身体下侧进行温和刺激，以便有助于稳定地完成输精。输精后让母猪安静地在输精场停留20分钟左右。并认真填写输精记录，最后对输精器械进行消毒。为了确保受胎率和产仔数，一般进行两到三次输精，时间间隔为8～12小时。

三、妊娠鉴定

准确的妊娠诊断，可大大对提高母猪受胎率。母猪配种后18～25小时不再发情，一般认为已妊娠。妊娠诊断有三种方法：①母猪配种后20多天不再发情，说明其已经妊娠。②母猪发情结束后16～18天给其注射1毫升乙烯雌酚，未孕母猪在2～3天表现发情。③多普勒超声仪法和超声波图像法。

四、母猪妊娠期的营养

妊娠前期（配种后1个月以内），一般每天饲喂2.5～2.8千克饲料，加强营养，一般消化能为2 950～3 000千卡/千克，粗蛋白水平为14%～15%。妊娠中期（妊娠第31～84天），一般每天饲喂2.3～2.5千克饲料，一般消化能为2 950～3 000千卡/千克，粗蛋白水平为13%～14%。妊娠后期（临产前30天），一般每天饲喂2.5～2.8千克饲料，加强营养，一般消化能为3 150～3 200千卡/千克，粗蛋白水平为16%～17%。

五、母猪孕期管理与保健

　　● 管理目标：提高胚胎着床率，减少死胎、流产，增加产仔数，提高仔猪初生重和产活仔数，增强母猪体质，保证初生仔猪的活力和母猪泌乳期的营养，防止无奶症和乳房炎的发生。具体做法包含以下几项：

（1）怀孕母猪限位饲养，饲喂全价饲料，保证营养全面。饲喂时定时定量，每天饲喂一次。

（2）配种后18～23天及39～45天，认真做好妊娠鉴定，及时检测出返情或未受孕的母猪。母猪的妊娠期平均为114天（110～117天）。

（3）妊娠母猪应减少刺激，避免热应激，不得追赶母猪圈舍应及时通风换气，保持圈舍清洁卫生。妊娠母猪适宜温度18～25℃，湿度为65%～75%。

（4）按免疫程序和药物保健程序做好怀孕母猪的预防保健工作。妊娠母猪患病需治疗时，严禁使用引起流产的药物和毒性大的药物。

（5）严禁给怀孕母猪饲喂发霉和被农药污染的饲料。发霉变质饲料会产生大量毒素，如玉米霉菌毒素会影响受精卵的着床和胚胎发育，造成胚胎死亡和流产，另外还会引期仔猪腹泻综合征。

目前随着规模化养猪业的推进，养猪风险也随之增加，养殖的高投资、高风险也越来越明显。因此，母猪场要做好精夜质量检查、人工授精、妊娠鉴定、孕期营养及管理与保健工作。一定要给母猪饲喂优质饲料，不要喂发霉的劣质饲料，不使用毒性大、药物残留多的药品和违禁药物。另外，一定要做好母猪的疾病预防、药物保健及配种工作，这关系母猪场的生死存亡和经济效益。母猪场的管理重点是三点：营养、配种和预防保健。只有长期坚持不懈地抓好这三点，才能提高母猪生产成绩，才能使母猪场有好的经济效益和可持续发展的后劲。

第六节　母猪产后饲养管理及保健

在标准化养猪的众多环节中，母猪产后的饲养管理及保健关系母猪下一批次的生产，关系母猪场的总体经济效益。母猪场的生产是一个连续性的生产过程，只有每个胎次都做好，都有好的成绩，猪场才能取得整体经济效益。有的猪场有一批生产成绩好，有一批生产成绩不好，这样就导致全年经济效益不好；也有的猪场一年好一年不好，导致几年来猪场不挣钱甚至赔钱。因此，饲养母猪的每个环节都马虎不得。

一、母猪的产后营养

（1）哺乳母猪要喂营养全面的哺乳母猪全价饲料，粗蛋白含量为

17%～18%，消化能为3.2～3.4千卡/千克。

（2）提供足够的饮水，母猪哺乳期每天饮水量为10～15千克。

（3）母猪产前3天应减少喂量，产前第2天少喂一些，产前当天不喂料，产后第1天不喂料，产后第2天少喂一些，产后第4天以后逐渐增加。母猪产后第4天应增加饲喂次数，每天喂5次，以喂饱为原则，尽量使其增加采食量（母猪每带1头小猪，采食量应增加0.2千克以上）。一般哺乳期母猪日采食量为7～9千克。充足的饮水和舒适的环境条件是增加采饲量的有效办法之一。

（4）母猪断奶前3天，逐步减少饲料；断奶当天不喂料；断奶2～3天不再分泌乳汁后才能增加饲料量，进行催情饲养。

二、母猪的产后管理

（1）母猪产后非常疲劳，要让其休息好。产后2～3天内，不能喂得过多，要逐渐增加饲料喂量，而且母猪分娩1周内喂量不宜增加太快，精饲料喂量不宜过多。

（2）有条件的猪场，应保障母猪每天适量的运动，以恢复母猪体力，促进母猪食欲，提高泌乳量。

（3）保持环境安静，不要鞭打母猪，避免打破母猪的泌乳规律。

（4）训练母猪养成两侧交替躺卧的习惯，便于仔猪哺乳。

（5）母猪发生乳房炎或无奶时，要及时用药物治疗或催奶。做好消毒工作，及时对母猪乳头进行消毒。

（6）栏舍保持清洁、干燥，做好冬季防寒和夏季防暑工作。

（7）防止母猪便秘。母猪便秘，不仅影响泌乳量，还会影响泌乳质量，甚至造成仔猪下痢。

（8）认真观察断奶1周内的母猪，发现发情的应及时配种。对1周后还不发情的母猪，应采取措施进行催情，及时配种。

三、标准化养猪场采用的生产管理模式

标准化猪场生产一般采用的生产管理模式是：全进全出模式是以7天为一个周期，各类猪群流水线生产。母猪空怀期7～14天，妊娠母猪前期84～94天，妊娠母猪后期为产前20～25天，哺乳期21～28天，断奶过渡

期7～14天，断奶保育期23～30天，生长育肥期100～110天。每个流程结束后，维修猪舍并进行全封闭熏蒸消毒。

全进全出是标准化养猪场的关键技术，其优点是：

（1）每一批猪群调出后对圈舍彻底清洗消毒，防止潮湿，为猪群健康创造有利环境条件，以保证下一轮生产顺利进行。

（2）有效提高设备、设施的利用率，降低成本，提高劳动生产率。

（3）进行专业分工，推行岗位责任制管理，量化劳动成果，奖罚分明，提高劳动效率。

四、标准化猪场1周的工作程序

标准化猪场生产管理者必须制订严密的工作计划，猪场采取全进全出的管理模式，妥善安排日常饲养管理工作，加强对饲养人员的管理，减少饲料的浪费，节约开支。每天除日常饲养管理外，还要将转群、配种、妊娠检查、消毒防疫、设备维修等工作进行细致的安排，随时掌握生产情况，保证母猪产前、产中、产后各环节的有序进行。现将每周工作提示如下：

周一：猪发情鉴定、配种。将临产前1周的母猪清洗消毒后转入已消毒并且维修好的空产房，检查确定下周需转群的临产母猪，对空圈舍进行清洗、消毒和维修。审查上周的生产成绩，对各岗位工作效果进行评定，生产成绩与奖金分配直接挂钩。

周二：母猪发情鉴定及配种。上周断奶仔猪转入保育舍，断奶母猪转入空怀母猪舍，对产床进行清洗、消毒和维修。检查防鼠灭蝇工作，更换各舍入口处消毒池（盆）的消毒液。

周三：母猪发情鉴定及配种。哺乳期小公猪去势，清洗、消毒、维修空舍，维修通风、供暖、饮水等设备和各类机械。

周四：母猪发情鉴定及配种。防疫接种，维修供水、排水和冲洗设备。

周五：母猪发情鉴定及配种。对断奶1周后尚未发情的母猪采取催情措施，确定下周转入产房的母猪，检查产房准备工作。

周六：母猪发情鉴定及配种。整理本周各项生产记录和报表，召开管理会议。进行一些临时性的突击工作，检查饲料储备数量和质量，做好饲料调配计划，检查排污、粪便处理设备运转情况，检查病死猪处理情况，对病猪应随时检查，将无饲养价值的病猪及时淘汰。

周日：母猪发情鉴定及配种。实行管理者轮流值班制，以便处理日常事务性工作。

总之，母猪的产后饲养管理及保健是母猪饲养的最后一个环节，也是非常重要的一个环节。只有加强重视猪场才能取得良好的成绩，才能正常运营。

第七节　标准化育肥猪管理经验十八条

对标准化养猪场的育肥猪进行管理，可参考以下十八条经验：

第一条：圈舍清洗。圈舍进猪前1天用2%烧碱溶液喷洒猪栏、地面、水管、食槽、墙体、使用工具等。进猪后用百毒杀或菌毒敌带猪消毒，对于曾经发生过传染病的猪舍一定用高锰酸钾+福尔马林熏蒸消毒。

第二条：圈舍消毒。进猪前1周对圈舍进行彻底清洗，特别是老圈舍，要对漏粪沟、漏粪板、栏杆、食槽、饮水器、圈舍地面等用铁纱进行彻底擦洗。进猪后前2周每隔3天带猪消毒1次，第3周后1周消毒1次。消毒时先打扫干净猪舍，然后用喷雾器对猪体全身、圈舍地面栏杆、走道、墙体等各个地方喷洒消毒液消毒，2～3种消毒液交替使用效果较好。

第三条：人员消毒。猪舍门设有消毒池，内放10厘米深的3%烧碱水溶液，用于鞋底消毒，1周更换1次。脸盆内放2%新洁尔灭水溶液，用于洗手消毒。工作人员进猪舍必须换工作服、换雨鞋，在门口消毒池进行雨鞋消毒，在消毒盆洗手后方可入内。

第四条：温湿度控制。新圈舍进猪前2天火道烧火加温，老圈舍进猪前1天火道烧火，猪舍温度烧至28～30℃。用风机抽舍内湿气，湿度控制在65%～75%。进猪后根据第六条猪只所需温度要求，随时向火塘添加煤炭。

第五条：进猪前的饲料和药品采购

①进猪前准备好猪场的洁净供暖设施。

②进猪前3天进乳猪料（每头2千克）和仔猪全价颗粒料（每头10千克以上）。

③进猪前2天购买药品（如超能、海乐康、富尔泰、海强力、替乐加等）。

④进猪当天在饮水中加药品超能（每100千克水加入1千克超能），连用7天。

第六条：猪舍温度要求。进猪前2天猪舍前在挂干湿温度计2个，离地面1.2米，并给干湿温度计装满水。进猪后定期检查猪舍温度，猪只温度要求是：体重8～10千克、30～32℃，11～20千克、28～30℃，21～60千克、

24～28℃，60千克至出栏、18～24℃。

第七条：饮水要求。进猪后30分钟给仔猪饮水，水温维持在20℃，饮水中加入口服补液盐＋电解多维。仔猪入舍后2小时往戏水池中加清洁的水，水面水位保持5厘米。每天必须清洗更换一次；猪体重达20千克后每天必须清洗更换一次，水面水位保持8厘米；若猪舍臭气大，则每天必须清洗更换2次。饮水中加药预防猪只发生疾病。要将戏水池中的水放干，保持干燥，以免猪只饮脏水。每个月检查饮水器流量，以猪舍最后饮水器流水量小猪450毫升、大猪1 000毫升为宜。

第八条：仔猪饲喂要求。仔猪饮水后1小时再开始饲喂，前3～5天每天8次（每次间隔2小时）每次喂八成饱；5天后在料槽中加料让其自由采食。保持料槽不断料，及时收集洒在地上的饲料，并将其晒干后给大猪饲喂。

第九条：仔猪调教。进猪后前1周要对仔猪进行调教。仔猪采食后将其赶到戏水池排粪排尿，并随时将活动区和采食区的粪便及时清扫到排粪区。1周后每天打扫猪舍地面、走廊1次，观察猪群2次以上，检察饮水器1次，出现异常及时处理。

第十条：药物预防程序。药物预防程序，进猪第2天往饲料中加海乐康、富尔泰、替乐加各1千克拌0.5吨饲料，干喂，粉状料粉碎加药。饮水预防时每吨水加超能1千克，使用7天。过25天再加超能、海乐康、海强力各1千克拌1吨饲料，使用7天；再经过25天后饲料中拌超能、海乐康、替乐加各1千克拌1吨饲料使用7天。1头育肥猪预防用三次即可。

第十一条：疫苗免疫程序。进猪第3天注射猪瘟兔化弱毒疫苗4头份/头，第9天注射猪伪狂犬病疫苗1头份/头，第15天注射猪口蹄疫疫苗2毫升/头，第21天注射猪圆环病毒疫苗1头份/头，第33天注射猪瘟传代疫苗2头份/头，第40天注射猪口蹄疫疫苗2毫升/头。以上疫苗均肌内注射。

第十二条：通风要求。猪舍内必须安装定时控制器，以设定风机通风程序，按时排出猪舍臭气，引入新鲜空气。120～150头育肥猪通风程序：寒冷季节，体重小于10千克每20分钟通风1.5分钟，体重10～60千克阶段每10分钟通风1.5分钟，体重大于60千克每5分钟通风1.5分钟；常温季节，体重小于10千克每10分钟通风1.5分钟，体重10～60千克阶段每10分钟通风2分钟，体重大于60千克每5分钟通风2分钟；炎热季节，体重小于10千克每5分钟通风1.5分钟，体重10～60千克阶段每5分钟通风2分钟，体重大于60千克每5分钟通风2分钟（带水帘）。

通风量：猪体重大于10千克寒冷季节开启1个畜牧专用风机进行通风换气，炎热季节开启2个畜牧专用风机通风；体重大于10千克可采用2个畜牧专用风机通风，要确保通风后舍内温差不大于2℃。

第十三条：进风要求。猪舍一定留进风口，进风口大小按每小时1.05～1.3米³的通风量需1厘米²面积来计算，内侧设调节板。进风口若没按标准设计水帘，应放在侧墙中间，同时把猪舍两侧最边窗户略开一点进风。其余窗户全部关闭，按通风程序通风。猪舍内光照不得太强，光线以能看清舍内全貌为宜。

第十四条：驱虫。猪进圈后第10天用盐酸左旋咪唑或阿维菌素（伊维菌素）驱除猪体内寄生虫，过1月再驱虫一次。驱虫前停食一顿，驱虫后勤打扫圈舍，及时清除猪排出的带有虫卵的粪便。驱虫后第2天饲料中拌小苏打粉（1千克/吨）连喂2天，第4天饲料中拌大黄苏打粉（1千克/吨）连喂3天。猪只进圈后每10天用1%林丹乳油或疥螨净给猪体喷洒驱除体外寄生虫。

第十五条：饲料使用模式。6～10千克体重饲喂代乳料4千克，10～17千克体重饲喂乳猪料9.1千克，17～30千克体重饲喂仔猪料21.5千克，30～70千克体重饲喂中猪料96千克，70千克至出栏体重饲喂大猪料90千克。

第十六条：换料要求。换料时为了避免应激，饲料要逐步过渡。一般最少用3天时间进行过渡，第1天旧料占2/3；新料占1/3；第2天旧料占1/2、新料占1/2；第3天旧料占1/3，新料占2/3；第4天全用新料。

第十七条：猪群观察。勤观察猪群，对出现发热、咳嗽、下痢、腹式呼吸等病症的猪只要及时治疗，针管针头要在每次使用前消毒（水煮30分钟）。

第十八条：猪群调整。每隔1个月调整猪群均匀度1次。在快天黑时，给猪群喷洒消毒液，根据猪只大小，把猪只调整均匀，勤观察防止猪只打架。及时对僵病猪进行综合治疗，及时淘汰无饲养价值的僵猪、病猪。

第八节 标准化猪场的目标管理

标准化养猪中，不仅存在大量的技术问题，而且存在着复杂的经营管理问题。随着养殖规模的增加，内部人员的管理就成为很突出的问题。为了使猪场健康持续发展，取得更好的经济效益，调动猪场职工积极性，要对猪场进行目标管理。在标准化猪场目标管理中，对每个职工定明确的目标项目、质量标准（技术指标）和技术规范，同时要进行目标考核，做到"多劳多得，奖罚分明"的工酬制度，以充分调动所有人员积极性，提高猪场的经济效益。本节重点介绍标准化养猪四个阶段（配种、分娩、保育、育肥）中，各阶段的目标项目、质量标准、技术规范和目标考核，以供养殖场和技术人员参考（具体见表2-2至表2-5）。

表2-2　标准化种猪场配种舍目标管理

目标项目	质量标准	技术规范	目标考核
受胎率	头胎受胎率：93.7%	按标准的全价饲料饲喂公猪，使其精力充沛，既不亦过肥，也不亦过瘦	空怀母猪受胎率高1个百分点奖励80元，低1个百分点罚30元；分娩率高1个百分点奖励80元，低1个百分点罚30元
	二胎以上受胎率：95%	公猪单圈饲养，远离母猪舍，减少外界干扰，保持安静	多产1头仔猪奖20元，少产1头罚10元，出生重低于指标0.1千克罚2元，高于指标0.1千克奖3元
分娩率	86%以上	准备期和配种期，每10天检测公猪精液1次	由于人为事故造成种母猪损失淘汰的1头罚100元
产活仔数	头胎产活仔数：9.2头	配种期间，加强公猪运动，1小时/天，且不少于1千米	仔猪考核按母猪产活仔数计算，母猪产活仔数低于3头（含3头），该窝按流产对待
	二胎以上产活仔数：9.7头	配种期间，提高公猪饲料蛋白质含量，每天加1～2个生鸡蛋	由于人为事故造成种公猪丧失配种能力的1头罚150元
初生体重	头胎初生体重：1.28千克	青年公猪，配种2～3次/周；成年公猪，每周配种5天，休息1～2天	下床母猪有严重疾病者，由技术考核小组作出鉴定，鉴定后不计入考核
	二胎以上初生体重：1.30千克	做好母猪发情鉴定，适时配种。母猪阴户黏液拉线时配种最好	

（续）

目标项目	质量标准	技术规范	目标考核
母猪年产胎次	年产胎次：2.2胎／年	做好配种工作，适时配种。每头母猪至少配种2次，一定要人工辅助配种	
		做好妊娠鉴定（使用测孕仪鉴定）	
		在母猪妊娠前后3周加强营养	
		加强妊娠母猪的饲养管理，防止其跌倒，严禁踢打。	
		妊娠母猪冬季注意取暖，夏季注意防暑	

表2-3 标准化种猪场分娩舍目标管理

目标项目	质量标准	技术规范	目标考核
28天断奶育成率	头胎断奶育成率：93%	仔猪初生后灌3～5毫升富尔泰，保温箱温度第1周31～32℃，第2周28～30℃，室内温度以25～28℃为宜	药品（不包括各种疫苗、富铁力等）母猪6元／头、仔猪3元／头，按断奶仔猪数计算
	二胎断奶育成率：95%	固定奶头，吃好初乳，前3天每小时吃奶1次	哺喂乳母猪料

（续）

目标项目	质量标准	技术规范	目标考核
28天断奶体重	头胎断奶体重：8.0千克	第5天开始强性补饲、补水，投放饲槽，定时补饲8次／天	饲喂乳猪料 合格仔猪2千克／头
		仔猪初生2～3天注射1毫升牲血素，第10天再注射1次	仔猪下床平均体重达9千克，弱仔下床平均体重为7千克
		仔猪初生7～14天去势	仔猪初生重低于0.6千克不计考核数（按弱仔计），弱仔育成率在60%以上。母猪产活仔猪3头以下（含3头）不计考核数
		按免疫程序做好仔猪免疫	
		20日龄称重（测试母猪泌乳量）	断奶仔猪育成率达95%～96%及以上每增加1头奖80元，96%～97%每增加1头奖60元，97%～98%每增加1头奖100元，98%以上每增加1头奖150元
	二胎以上断奶体重：8.5千克	仔猪28天断奶后，需在原圈原窝饲喂5～7天	育成率达94%～95%每少1头罚30元，93%～94%每少1头罚50元，92%～93%每少1头罚80元，91%～92%每少1头罚80元，91%以下罚120元
		注重饲料过渡，5～20天饲喂乳猪料，21～35天饲喂仔猪料	下床仔重平均体重低于9千克，每低0.1千克，每头扣2元；平均体重高于9千克，每高0.1千克，每头奖励3元

（续）

目标项目	质量标准	技术规范	目标考核
28天断奶体重		对无奶或奶水少的母猪，用母鸡+王不留星+黄芪熬汤饲喂	弱仔单独考核，育成率超过60%，每多1头奖30元，每少1头罚20元（弱仔计算以下床数为准），低于7千克弱仔下床时不计考核数
		对腹泻严重的仔猪治疗时，应加强母猪的治疗	
		加强分娩舍的消毒，重视仔猪白黄痢	药品节约部分奖励20%，超出部分罚30%
		治疗仔猪腹泻时，以补液为主，提高仔猪温度为辅	饲料节约不奖，超出按50%处罚
		哺乳母猪喂料越多越好，设法提高母猪采食量	凡属人为造成的母猪损失，1头罚150元
		寄养仔猪需先吃养母的初乳，再过寄	

表2-4   标准化种猪场保育舍目标管理

目标项目	质量标准	技术规范	目标考核
保育成活率	98%	温度为21～25℃，湿度为65%～75%	保育仔猪饲养30天，体重由9千克增长到21千克，弱仔由7千克达到18千克
		保育猪原则上原圈原窝饲养，每栏饲养8～9头	保育仔猪成活率达98%，不合格的仔猪转入下轮负责人按90%的成活率考核
		对保育猪进行自由采食，定时投料8次/天	药品：不包括各种疫苗的费用，每头仔猪供给5元的治疗费用
		换料时逐步过渡，最少用5天时间来过渡	仔猪料：12千克/头；2号料：8千克/头
		对僵猪、弱猪进行采取健胃消食的处理方式	保育仔猪饲养30天，体重达21千克或18千克。平均体重每超过0.5千克，每头奖2元；平均体重每减少1千克，每头罚1元
		体重达到10千克左右，对仔猪均匀度进行调整	成活率达98%，多交1头奖30元，少交1头罚10元；99%以上多交1头奖100元
		加强仔猪的调教，训练仔猪"三定位"，保持舍内清洁、干净	药品节约部分奖励20%，超出部分罚30%
		注意通风换气，防止室内氨气浓度太大	饲料节约不奖，超出部分罚50%
		按免疫程序做好疫苗注射，严防漏打	

表2-5   标准化种猪场育肥舍目标管理

目标项目	质量标准	技术规范	目标考核
料重比	夏季：2.8∶1；冬季：3.0∶1	加强定期驱虫	育肥猪料重比低于指标，每高0.1千克每头猪奖4元，每低0.1千克每头猪罚2元
饲养天数	97天	最适宜温度18～21℃	育肥猪的育成率达99%以上，多交1头奖150元，少交1头罚50元

（续）

目标项目	质量标准	技术规范	目标考核
耗料量	250.75千克	冬天保暖，温度在5℃以下开始掉膘；（夏天防暑，温度在30℃以上猪只食量下降，应洒水降温）	体重每多1千克奖2元，每少1千克罚1元
日增重	795克	育肥各阶段用不同营养标准饲料，注意饲料的过渡	药品节约部分按20%奖，超出部分按30%罚
育成率	99%	育肥猪以吃饱为准，原则上不限量，每日4次	饲料节约不奖，超出按30%罚
出栏均重	105千克	每过一段时间，对均匀度进行调整并栏	料重比2.8∶1以下（夏天），每高0.1扣20元
屠宰率	72%	避免应激，防止打架	
背膘厚度	<1.5厘米	调教猪群，进行"三定位"	

总之，猪场的目标管理是一套行之有效的管理办法。猪场在做目标管理时要结合本猪场圈舍条件、职工的素质、当地的工酬水准、猪场的技术水平、猪群营养水平和猪场自然环境等因素，使设计的质量标准和目标考核符合当地实际情况。同时，在进行目标考核时，要互相监督，如分娩舍产仔数由配种舍人员来监督，供暖人员的考核要和分娩舍、保育舍的考核挂钩。猪场实行目标考核，能调动猪场所有人的积极性，做到责任明确、分工协作，这样能大大提高猪场的经济效益，保证猪场的可持续发展。

第九节　猪饲料的选择和管理

养猪生产中饲料占养猪成本的80%以上，饲料的使用是否合理、能否最大程度地提高饲料报酬，对于能否提高猪场的经济效益非常重要。虽然很多养殖人员都懂得这个道理，但在实际生产中对饲料的选择、储存、饲喂以及防止霉菌毒素中毒这几方面，做得不到位，做得不够细，往往顾此失彼，导致饲料的浪费，造成经济损失。本节饲料的选择和管理中，从猪饲料的选择、储存、饲喂及防止猪霉菌毒素中毒这四个方面进行简单阐述，以达到合理选择饲料品牌、安全储存饲料、科学饲喂和避免和防止猪霉菌毒素中毒得目的，最大程度节约饲料，提高猪场的经济效益。

一、饲料的合理选择

近20多年来，随着养猪业的发展，我国的饲料工业得到了大力发展，对提高养猪的生产效率、降低料重比、促进养猪产业的健康发展起到了非常重要的作用。如今在我国生产和销售猪饲料的国内外饲料厂家有1万多家，饲料的质量和价格差异也很大，养殖户如何选择饲料品牌也就显得尤为重要。

养殖户选择饲料误区：

（1）只重视价格，不重视价值　有些养殖户在选择饲料品牌时只看饲料价格，认为喂猪价格便宜，猪成本就会降低。其实这种观念是不对的，不好的饲料价格低，猪吃得多，但长得慢，饲料利用率低，猪出栏时间延长，导致最后用的饲料多，料重比高，经济效益低。而且猪的抵抗力差，易生病。

（2）只重视外观，不注重品质　有些养殖户在选择饲料时看颜色、闻气味，认为颜色好看、气味香的就是好饲料。其实并不是这样，有些厂家在饲料中加色素调色、加香味剂调味，这对猪的生长反而没作用。

（3）喜欢占便宜　有些养殖户容易被厂家做促销时的一点利益所引诱，喜欢占小便宜。其实促销力度越大的产品，越要考虑产品质量和效果。

（4）蛋白含量越高，饲料质量越好　浓缩料主要是蛋白饲料，但氨基酸、维生素、矿物质等营养成分也起到同等重要作用。有些厂家为了迎合养殖户的心理，推出45%以上浓缩饲料，以此卖高价，其实有些是添加了70%～80%的羽毛粉，猪根本消化吸收不了多少。选择饲料要看效果和稳定性，只有有效蛋白才能够被猪吸收。只有饲料营养搭配合理，猪只才能吸收得好。

（5）用饲料价格推测饲料质量　有些养殖户喜欢用饲料价格来推测饲料质量，这其实也不对。例如，有些厂家管理费用低，而且把利润看得低，薄利多销；而有些厂家管理费用高，而且把利润看得高，饲料价格定得高。因此，价格高的不一定性价比就好。要注意：同样的质量看价格，同样的价格看质量。

总之，用质量好且价比高的饲料，则料重比低，饲料报酬高。不论养猪行情好坏，都要用质量好的饲料。这样猪价好时多赚些钱，猪价不好时少赚些钱或少赔些钱。

二、饲料安全储存

饲料储存、保管是养猪场的重要组成部分。饲料储存不当，容易导致饲料霉变，导致饲料浪费，给猪场造成重要的经济损失。

猪场库房要有原料库和成品库，原料进入原料库，成品进入成品库。所有原料、成品一律分类，并按品种堆放整齐，且进行明显标志。

饲料原料及成品要及时检查虫情，粮食质量、温度、湿度。新入库的粮食1月内每3天检查1次；粮食转入1个月后每10～15天检查1次，及时发现并采取翻仓、倒仓、通风、干燥等措施进行处理。晴天干燥时打开仓库门窗进行通风调节；阴天、雾天、雨天要关闭仓库门窗；冬季要大力通风。

仓库要经常保持通风、干燥、防污、干净、整齐，保证储存质量。必须做到"五无"，即无盗、无鼠、无雀、无火灾事故、无霉烂变质。

原材料入库要坚持验收制度，不符合质量要求的原料不准入库。入库凭单由收料员和验收人员签章，共同负责，以保证原材料质量。

原材料入库和成品饲料出库，要填写出入库凭证，一式三份，即一联存根，二联交财务科记账，三联记保管账。

仓库保管账目要日清、月结，每月和场部财务科核对一次，做到账实相符，杜绝差错事故的发生。仓库保管员要坚持原则，按章办事，做到"三严二不四定"。三严，即严把质量关、严格出入库手续、严格交接班手续；二不，即不在库房吸烟、不发生违章违纪事件；四定，即定期检查、定期灭鼠、定期盘点、定期整库。

三、饲料的科学饲喂

（1）**饲喂方法** 为了提高猪群的生产力，必须采用科学的饲喂方法。

①提倡生喂 传统的熟喂具有一定的优势，如可软化粗纤维，提高适口性，改善豆科籽实、马铃薯等饲料的利用率，对饼粕类饲料起到去毒和消毒的作用。但熟喂可导致大量维生素被破坏，而且焖煮还会引起猪亚硝酸盐中

毒，同时增加了成本。现代饲料工业的发展，使上述问题得到了合理解决，为集约化、规模化提供了良好的条件。一般颗粒料饲喂有利于提高饲料的利用率，减少饲料浪费，但饲料成本较高。干粉料要求颗粒不要过细，否则易引起猪肺炎的发生。比较而言，湿拌料比干粉料好，但其工作量大，若进行自动化或半自动化供料，湿拌料是一种很好的方法。

②限量饲喂和自由采食　根据猪种类的不同，采取不同的饲喂方式。一般商品猪采取自由采食，母猪各阶段采取限量饲喂。

（2）供给充足的饮水　水是猪的重要组成成分之一。水对饲料的消化、吸收和体温调节等起重要作用，而且也是体内代谢必不可少的。保证充足、清洁卫生的饮水供应是饲养管理的重要环节。水源不足或水受到污染，都会给猪的生长、健康带来不利影响。猪的饮水量随饲料种类、饲喂方式、气温变化等有所不同。

四、防止霉菌毒素中毒

饲料霉变造成的霉菌毒素问题对养猪的危害，已成为全球性的问题，对养猪生产和人类的食品安全造成了巨大危害。饲料霉变对猪业生产造成的危害有：猪群发病；母猪顽固性咳嗽，假发情，屡配不孕，流产；仔猪有神经症状，头外一侧，呈"八字脚"站立，数日死亡；猪的免疫器官受到破坏，导致传染病的发生，等等。

防止猪霉菌毒素中毒要在原料的采购、运输、成品料的保存、猪只的饲喂等方面下功夫，特别是防止玉米出现霉菌毒素，具体有以下做法：

（1）在采购玉米等原料时，霉变颗粒不超过2%，水分不超过13%。不要采购霉变的麸皮、豆粕等原料，水分不要太大；若没霉变，但水分大，要及时将其晒干。

（2）有条件的猪场，采购饲料时最好进行霉菌检测，达到标准的才可采购。

（3）在运输饲料时一定要保持车辆干净，无污染，在运输中一定不能让雨淋饲料。

（4）保存饲料的库房要卫生干燥，无污染，储存饲料时下面要有垫底，水分要符合库存要求，含量不超过13%，另外还要保持空气畅通。

（5）定期查看库房，彻底清理干净已出现霉变和结块的饲料。

（6）每次都要清理干净猪饲槽中的剩料。因此饲槽中的饲料放置时间长，易发霉，另外不要让猪吃清理的剩料。

（7）若有料罐，要定期查看料罐是否发霉，若发霉则及时处理，保证让猪只吃干净、无污染、无霉菌毒素的饲料。

总之，霉菌毒素对猪的危害已超过大家的想像，不但造成了猪场疾病暴发，而且导致猪免疫受到抑制，致使疫苗效果不佳，给人的食品安全造成了威胁。因此，猪场养殖人员必须高度重视霉菌毒素造成的污染。

第十节 规模猪场消毒注意事项

有效预防传染病，必须要加强猪群的饲养管理，满足猪群的营养需求，做好猪群的免疫接种和药物预防；同时还要做好猪场的消毒工作，严格执行消毒制度，杜绝一切传染来源，确保猪群健康。

一、使用消毒药的几点常识

（1）**病原微生物的敏感性** 不同种类的病原微生物对消毒药物的敏感性有明显不同，要有目的地选择使用最佳消毒药。为防止病菌对消毒药产生耐药性，要定期更换消毒药品种。

（2）**药物的浓度** 在一般条件下，消毒药的浓度与杀菌力成正比，即消毒药品浓度越高，杀菌力越强。

（3）**药物溶液的温度** 消毒药的杀菌力，可由温度的升高而增强。一般情况下，消毒药加温后杀菌力显著增强。

（4）**药物的作用时间** 在其他条件相同的情况下，消毒药杀灭病菌的强度与作用时间成正比，即消毒药的作用时间越长，杀菌力越强。

（5）**环境中有机物质的影响** 当环境中存在有机物质时几乎所有消毒药的杀菌力都会减弱。在使用消毒药之前，应充分清扫、清洗消毒对象，除去其表面的有机物，以充分发挥消毒药的效力。

二、规模养猪场的消毒程序

猪场采取封闭式管理，生产区与生活区分开。

（1）大门口设消毒池，每栋猪舍门口设消毒池，池内盛2%烧碱溶液（每周更换一次）。冬季加入1%～3%食盐，以降低冰点防止消毒液冻结，消毒对象主要是车辆轮胎及人员鞋底。

（2）大门口安装喷雾消毒装置，凡进入人员、车辆必须喷雾消毒，对车身和底盘轮胎要彻底消毒。

（3）进场工作人员进入生产区之前必须在生活区隔离1～3天，外来学习人员在生活区隔离3～7天。工作人员进入生产区必须洗澡、更换工作服、穿工作鞋，消毒后方可入内。

（4）饲养管理用具每天清洗，定期用1%～3%来苏尔或0.1%新洁尔灭溶液或2%烧碱消毒。

（5）工作人员不允许串舍，不许乱拿其他舍的饲养用具。如果因工作需求，需要其他舍用具时必须将其彻底消毒后使用。

（6）针管、针头每次使用前必须消毒，如在沸水中煮30分钟进行消毒。

（7）新舍进猪前要清洗干净，并用2%烧碱溶液彻底消毒。对发生传染病的猪舍进行蒸熏消毒后，再用2%烧碱溶液消毒。

（8）分娩舍应每隔3天带猪消毒1次，其他猪舍1周消毒1次，用2～3种消毒液更替使用。

（9）每半个月对场区进行一次彻底清扫，用2%烧碱溶液消毒。

（10）严禁工作人员把肉制品带入场内，工作人员统一在食堂吃饭。

（11）猪舍的净道和脏道必须分开，要有出售猪的专用通道和装猪栏，同时按要求定时消毒。

（12）坚持"预防为主，养防结合，防重于治"的原则，严格执行消毒制度，杜绝传染病的发生。

三、猪场常用消毒药物使用方法

见表2-6。

表2-6　猪场常用消毒药物使用方法

药物名称	使用方法	
来苏尔	用于猪舍、用具等的消毒	
过氧乙酸	0.2%～0.5%溶液消毒猪体表、饲喂用具、圈舍等。配制时要先盛好水，再加入高浓度药液，消毒完毕应用清水冲洗	

（续）

药物名称	使用方法
新洁尔灭	5%溶液稀释50～100倍，用于手术、器械等的消毒
甲醛（福尔马林）	熏蒸消毒时使用，每立方米用本品25毫升、高锰酸钾12.5毫升，一般消毒10小时以上，也可用1%～5%溶液用于器械、手套、尸体等的消毒
氢氧化钠（苛性钠烧碱）	1%～2%溶液用于消毒猪舍、运动场等
石灰乳	10%～20%乳剂消毒圈舍
漂白粉	用于饮水消毒
高锰酸钾	0.1%～0.2%溶液用于子宫、腔黏膜和创伤部位的冲洗
乙醇（酒精）	重量比70%、体积比75%酒精浸泡棉球用于创伤皮肤的涂擦消毒
百毒杀	1∶3 000比例带猪消毒，1∶8 000用于饮水消毒
碘酒	5%碘酒对手术部位和注射部位皮肤消毒

第十一节　通　风

标准化养猪就是在集约化饲养的基础上进行标准化生产。在标准化养猪中，要对猪舍环境进行人工控制，给猪只提供一个最适宜生长发育和最大发挥母猪生产繁殖潜力的环境。标准化养猪要求猪舍采取封闭式建筑，猪舍安装风机，定时通风换气，通过水帘降温，使猪舍内温湿度最适合猪只生长需求。标准化养猪从圈舍设计到开始养猪，都离不开风机的选择和使用。本节重点介绍标准化猪舍风机选择原理及通风程序的设计和光照，供养殖场技术人员参考。

一、机械通风的定义

由于自然通风受许多因素，特别是天气条件的制约，不能保证封闭式猪舍经常有充分的换气。因此，为了建立良好的猪舍环境，保证猪只的健康及生产力的充分发挥，在猪舍中应实行机械通风。机械通风也叫强制通风，但是机械通风系统要正常运转，必须要有温度控制，要求猪舍必须有良好的隔热性能。否则，即使实现机械通风也无法保证有良好的环境。

猪舍中常用的电动风机主要是轴流式畜牧专用风机。

二、负压通风的定义

负压通风，也叫排气式通风或排风，是用风机抽出舍内污浊空气。由于舍内空气被抽出，因而舍内空气变稀薄、压力相对小，舍外新鲜空气通过进气口流入舍内而形成内外空气交换，故称负压通风。猪舍通常采用负压通风。

三、标准化猪舍风机的选择

1.风机选择的原则

风机选择所依据的总原则是经济效益。就是说，选用哪种风机，必须以安装和使用该风机与改善环境条件而得到的经济效益相比较来确定。必须考虑以下几点：

（1）为了避免通风时气流太强，引起舍内外温度的剧烈变化，采用负压通风时，选用多台风量比较小的风机比少量大风量风机更合理。

（2）为了节省电力，降低管理费用，应选择工作效率高，且在满足风量的基础上，每马力输出风量最大的风机，希望用加大转速来增加风量的办法是极不经济的。

（3）夏季通风量和冬季通风量差异很大，故在选择风机时应能保证全年内根据风量进行调节。一是选用变速风机；二是选用组合风机，即选用一部风量用以满足冬季通风量的需求，全年连续运转，再选一部补充风机，配合使用风量达到夏季风量需求，这两种风机两两组合。

（4）由于畜舍中尘多、潮湿，故应选择带全密封电动机的风机，而且最好装有过热保险，以避免过热烧坏电机。

（5）为减少噪声危害，应选用振动小、声音小的风机。

（6）风机应具备防锈、防腐蚀、防尘等性能，并坚固耐用。

（7）畜舍实行机械通风，所选用风机应具备一定的静压（水柱）以克服舍内外的压力差，此压力差最大为40～50帕。一般安装在墙壁的轴流式风机的静压基本在此范围内，常选用30帕静压。

（8）猪舍通风宜选直径大、转速慢的风机。

2.风机功率的确定

（1）风机功率的选择要根据猪舍总通风量与风机用途而定。

（2）猪舍总通风量一般以夏季通风量为依据，即根据猪只夏季通风量参数乘以舍内最大养殖头数取得。猪舍要求的总通风量要换成风机总风量。气流通过风口时有阻力，通风量会有15%～20%的损耗，设定风机总风量时要予考虑。通风的目的是供给新鲜空气，排出污浊空气，故一般选轴流式畜牧专用风机。

四、不同规格风机的相关参数

见表2-7。

表2-7　不同规格风机的相关参数

风机型号（英寸*）		20	24	36
叶轮直径（毫米）		500	630	900
外形直径（毫米）		590×590	750×750	1 050×1 070
参考价格（元）		约750	约850	约1 250
电机功率（千瓦）		0.18	0.25	0.45
静态力值立方米每小时（帕斯卡）	0	7 470	10 500	20 100
	12	7 140	9 990	19 000
	25	6 870	9 650	18 000
	32	6 670	9 310	17 300
	38	6 240	9 000	16 700
	45	5 760	8 630	16 000
	55	5 060	8 100	15 100

五、猪舍通风量的计算

（1）根据二氧化碳计算通风量　二氧化碳作为家畜营养物质代谢的尾产物，即废气物，代表空气的污浊程度。根据猪产生二氧化碳的总量，可求出每小时需由舍外导入新鲜空气的量，可将舍内聚积的二氧化碳冲淡至规定范围（公式略）。

（2）根据水蒸气计算通风换气量　猪在舍内不断产生大量水汽，并且潮

---

*英寸为非法定计量单位。1英寸＝2.54厘米。

湿物体上也有水分蒸发。这些水分如不排出会聚积下来，导致舍内潮湿，故需借通风换气系统不断将水汽排出（公式略）。

用水蒸气计算的通风量，一般大于二氧化碳算得的量，故在潮湿、寒冷地区使用较合理。

（3）**根据热量计算通风量** 家畜在呼出二氧化碳、排出水蒸气的同时，还要不断地向外散发热能。因此，在夏季为了防止舍温过高，必须通过通风将过多的热量驱散。而冬季如何有效地利用这些热能温热空气，并保证不断地将舍内产生的水汽、有害气体、灰尘等排出，就是根据热量计算通风量的理论依据（公式略）。

根据热量计算通风量，实际是根据舍内的余热计算通风换气量。通风量只能用于排出多余的热能，不能保证在冬季排出多余的水汽和污浊空气。但用热平衡计算办法来衡量保温性能的好坏，既可保证正常的通风量也能得到需要补充的热源。

（4）**根据通风换气参数确定换气量** 近年来，一些技术发达的国家，为各种家畜制订了通风换气系统的设计，尤其是对大型家畜通风系统的设计提供了依据。各阶段的猪的必须换气量参数（每头）见表2-8。

表2-8　各饲养阶段（每头）猪的必须换气量参数

类别	周龄	体重（千克）	换气量（米³/分钟）		
			冬季（最低）	冬季（正常）	夏季（正常）
哺乳猪	0～6	1～9	0.6	2.2	5.9
育肥猪	6～9	9～18	0.04	0.3	1.0
	9～13	18～45	0.04	0.3	1.3
	13～18	45～68	0.07	0.4	2.0
	18～23	68～95	0.09	0.5	2.8
种母猪	20～23	100～115	0.06	0.6	3.4
种公猪	32～52	115～135	0.08	0.7	6.0
	52	135～230	0.11	0.8	7.0

六、猪舍进风口面积的计算

（1）进风口是机械通风最容易被忽视的部分。风量的调节、气流的速度、气流在舍内的分布，以及整个通风换气效果都与进气口的设计有关。

（2）据美国材料，进风口面积一般按每小时1.05～1.3米³的通风量需1厘米²的进气口面积来计算。由于通风量随季节调节，故进气口也必须调节。进气口外加百页窗内测设调节板。

七、猪舍通风的控制

（1）**自控调节**　猪舍机械通风系统通过附加的自动调节装置可以达到风机启动或转速减慢的目的，以调节风量，控制环境。

（2）**安装温度控制装置**　最小换气风机常开，另外安装温度控制器，设定要求温度，当温度超过设定温度后，风机自动开机降温。

（3）**通过时间及电器控制**　按规定的时间每隔一定时间开机或关机。

①由于气流通过风口时有阻力，通风量约有15%的损耗，因此把通风时间设为1.5分钟。

②根据以上推算120头育肥猪通风程序为：

体重10千克以前20分钟通风1.5分钟。

体重10～20千克（6～8周，即进猪后第1～3周)10分钟通风1.5分钟。

体重20～45千克（9～12周，即进猪后第4～7周)6分钟通风1.5分钟。

体重45～68千克（13～17周，即进猪后第8～12周)7分钟通风3分钟。

体重68～95千克（18周，即进猪后第13周至出栏）5分钟通风2分钟（夏季带水帘）。

后期全开。

猪生产的理想环境条件具体见表2-9。

表2-9　猪生产的理想环境条件

阶　　段	适宜温度（℃）	所需空间（米²）
乳　　猪	28～33	0.3
断奶仔猪	26～30	0.5

（续）

阶　　段	适宜温度（℃）	所需空间（米²）
生长猪（15～60千克）	18～25	0.7
育肥猪（60～90千克）	18～24	0.9
公　　猪	18～22	9.0
母　　猪	18～22	1.8

第十二节　提高标准化猪场经济效益的有效措施

我国猪产业的发展模式越来越集约化、规模化、标准化和现代化，这使得很多猪场的管理越来越难，如何提高猪场的经济效益也越来越受到大家的重视。通过这些年对大量标准化母猪场的了解和20多年的从业经验，笔者认为标准化养猪是一个系统工程，要有一套系统的管理办法，每一个细小的环节都要认真做好，做到位，不论哪个细小的环节出问题都会影响猪场的经济效益。本节从提高母猪单产、降低饲料费用、提高经济管理水平这三个方面对提高标准化猪场经济效益进行一些简单阐述，以供参考。

一、提高母猪单产

（1）**加强母猪健康状况管理**　母猪的健康状况对猪场的生产效率非常重要。目前大多数猪场母猪处于亚健康状态，对疾病的抵抗力下降。有的母猪处于免疫抑制状态，虽然给母猪注射了疫苗，但母猪产生不了抗体或产生的抗体水平不高，易感染传染病，造成有的母猪配种不成功，不发情或反复返情；有的母猪产死胎、木乃伊胎、弱仔；有的母猪所产仔猪带菌带毒，很难成活，给猪场造成很大损失。因此，应加强母猪的健康状况管理。

（2）**选留高产母猪**　做好母猪的生产档案，根据母猪的产仔情况，及时淘汰产仔数低的母猪，两胎产仔数都低于6头的可直接淘汰，对反复返情3个情期的母猪直接淘汰，选留3～6胎的中青年母猪占总母猪的50%～60%，7胎以上的母猪比例控制在20%～25%及其以下，头胎和二胎母猪占20%～25%。猪场要根据自己的实际情况，制定适合本场的母猪选留标准，建立淘汰制度，选留高产母猪，及时淘汰低产母猪，这对提高猪场生产效率特别重要。

（3）*提高母猪年产胎次*　目前在我国大多数小型猪场仔猪在28～30日龄断奶，一些大型猪场在21日龄断奶，也有更早断奶的。早期断奶，一方面可减少母仔之间疾病的传染，降低断奶仔猪感染疾病的概率，另一方面可提高母猪年产胎次，增加母猪年育成仔猪头数。但一定根据养殖场的实际情况（如圈舍条件、环境气候、技术水平等）来决定断奶天数，不可盲目跟随。

（4）*提高母猪的受胎率*　配种是猪场最重要的技术工作之一。养好母猪，掌握母猪发情规律和配种技术，适时给母猪配种，使断奶5～7天的母猪配种率达到95%以上，对提高母猪年产胎次和产仔数尤为重要，这是提高猪场经济效益的关键。

（5）*提高仔猪育成头数和断奶体重*　管理目标：获得最高的成活率，达到最大的断奶窝重和最大的断奶个体重。哺乳仔猪标准化饲养技术指标：断奶育成率达95%，21日龄断奶平均体重在6千克以上，28日龄断奶平均体重在8千克以上。

二、降低饲料费用

（1）*科学配制日粮，提高饲料利用率*　猪场的饲料占养猪成本的80%以上，因此降低饲料费用，对提高猪场经济效益非常重要。猪需要的主要营养元素包括能量、蛋白质、氨基酸、脂肪、常量矿物元素和微量矿物元素及维生素等。

不同的猪只对营养元素的需求不一样，同一个猪只在不同的生理阶段对营养元素的需求也不一样。因此，要根据猪只的生理需求，科学地配制日粮。例如，对商品猪而言，体重在30千克以内主要长骨骼，30～60千克主要长肌肉,60千克以上主要长脂肪。如果用一种饲料饲喂到底则会导致一部分营养浪费而一部分所需营养不足，致使饲料的利用率大大降低。

随着饲料工业的发展,目前各地都有大量的饲料公司。通过对比选择一家性价比高、信誉度好的正规大公司的饲料，并按要求使用，以降低料重比，从而降低饲料费用。

（2）*按饲养标准饲喂,降低饲料费用*　有了好的饲料但没按饲养标准进行饲喂，也会造成饲料大量浪费，增加饲料费用。

要根据猪的膘情给予适量的饲料，过肥的猪要少喂，体况差的猪只要多喂。目前大猪场给母猪进行评分，根据评分的标准来定料量。最先进的猪场还安装了智能化设备，通过电脑来自动控制母猪的饲喂量。在商品猪饲喂上，通过猪只自由采食饲喂方式来缩短猪只出栏时间，从而降低料重比、饲料费用。

另外，鼠类偷吃饲料、包装袋内没有倒尽的饲料、饲喂时落在地面的饲料都属于浪费，都要引起大家高度重视。

（3）创造适宜的生长环境，减少维持饲料消耗量　给猪只创造一个适宜其生长发育并发挥其最大生产性能的环境，减少自身维持饲料消耗量。

初生乳猪1～3日龄最适温度为32～35℃；4～7日龄为30～32℃；8～15日龄为28～30℃；15～60日龄为26～28℃；60日龄以上为20～25℃。温度太低，猪只需要消耗更多能量来维持自身对温度的需求；温度过高，猪只采食量减少，导致出栏时间推迟。猪场所需湿度为65%～75%。

目前一些大型猪场，通过建设标准化猪舍，人为控制猪舍的温度、湿度、通风，给猪只创造一个适宜的生长发育环境。也有些猪场，通过安装空调等来控制猪舍环境。对于敞开式猪舍，由于不能人为控制环境，因此对饲料的浪费很大，在激烈的市场竞争中处于劣势地位，在不久的将来将会退出养猪行业。

（4）加强疾病的保健预防，提高猪只抵抗力　健康的猪只能减少疾病对饲料的消耗，使猪只提前出栏。例如，以猪肺部混合感染为主的呼吸系统综合征，其病原主要是猪只自身长期存在的病毒、病菌，另外还有外界的传染病源。这些病原混合感染导致猪只肺部病变，肺部坏死（坏死的肺部不可能再转变好）。猪只一般30天发病一次，不发病的则转为慢性肺炎，表现为猪只消瘦，生长速度缓慢，饲料利用率低，推迟出栏10～15天。

三、提高管理水平

猪场要想取得较好的生产效益，一定要重视管理水平，具体包括以下几个方面。

（1）建立健全猪场的管理制度　提高猪场经济效益的重要手段是建立健全猪场的各项规章制度，如门卫制度、从业人员管理制度、消毒制度、报表管理制度、财务管理制度等。一系列科学合理的管理制度，可保障养猪生产的正常进行，保障猪场的人身安全和财产安全。

（2）采取三点式或两点式的自繁自养模式　标准化养猪在场址的选择上，

要把配种分娩舍放在一个场里；保育舍和育肥舍再分开，分别放在另外两个场，两个场相距最少千米，周边再没有其他养猪场，实行三点式饲养模式；或者将保育舍、育肥舍放在另外一个场里，实行两点饲养模式。尽早将仔猪和母猪分离，可以避免仔猪感染母猪及母猪舍病菌。仔猪转移到消毒好的保育舍，可提高饲料报酬和成活率。目前国外大型猪场都采取三点式或两点式的自繁自养模式，而我国大多猪场没分开，一个场既养母猪又养仔猪和育肥猪，不仅增加了养殖风险，而且也不利猪只的生长发育。

（3）建立定额的计酬方法　猪场要建立考核制度，采取"多劳多得，少劳少得"的工薪分配制度，充分调动每个人的积极性。目前大多数猪场都采取目标管理，定技术项目、技术指标、技术规范、奖罚制度，效果很好。

（4）定期进行技术培训，提高员工技术水平　猪场要进行智力投资，对有一定经验的、人品端正的技术人员要进行高端培训，对饲养工要进行实际操作规程和养猪基本知识的培训。只有培训出一个稳定的优秀团队，猪场才能取得很好的经济效益。

第三章

猪病的预防保健和治疗

第一节　猪病流行新特点及防控措施

从近几年猪病的流行情况来看，猪病已从季节性流行转为常态，许多疾病不仅常年存在，而且表现为多种病原的混合感染，治疗效果不好。特别是在环境设施较差、管理不规范的猪场疾病的发病率更高。要想解决这些问题，不能只考虑从简单的预防和治疗，必须树立健康养猪的新理念，采取综合性的防控措施，以达到提高生产成绩、获取最佳经济效益的目的。

一、猪病流行新特点

（1）**混合感染严重**　现在的猪一旦发病，往往是多种病原同时存在，病情复杂，治疗效果较差，造成的经济损失也惨重，如蓝耳病病毒、圆环病毒、支原体与胸膜肺炎放线菌的混合感染，猪病毒性腹泻与圆环病毒、大肠杆菌的混合感染等。因此现在很多的猪病基本上都称之为"综合征性疾病"，如"高热综合征""呼吸系统综合征""断奶仔猪多系统衰竭综合征""皮炎肾病综合征""新生仔猪腹泻综合征""繁殖障碍综合征"等。

引起猪病毒性疾病的常见病毒有：蓝耳病病毒、圆环病毒、猪瘟病毒、伪狂犬病毒、流感病毒、冠状病毒、轮状病毒等；引起猪细菌性疾病的常见细菌主要有：副猪嗜血杆菌、胸膜肺炎放线菌、链球菌、巴氏杆菌、肺炎球菌、葡萄球菌、大肠杆菌、沙门氏杆菌、劳森氏菌、产气夹膜梭菌等；其他病原还有：支原体、附红细胞体、弓形体、螺旋体等。

（2）**病原变异越来越多**　原有的病毒、细菌的变异频繁。如：蓝耳病病毒的变异毒株之多令人吃惊，口蹄疫的98毒株使疫苗的免疫效果大打折扣，流行性腹泻的变异毒株让人措手不及。新的病毒也不断出现，如：博卡病毒、库布病毒等。细菌也在发生变异，耐药性日益明显，如：2007年以后出现的超级大肠杆菌，几乎对所有常用的抗生素都产生耐药性。副猪嗜血杆菌、巴氏杆菌等多数常见细菌都出现明显的耐药性。

（3）**猪病已从季节性流行转为常态**　疾病的季节性已不明显，许多原本季节性很强的疾病也打破了原有发病规律，如冬季发生的猪口蹄疫、病毒性腹泻在夏季也常常看到。所谓的高热综合征南方以夏季发病为主，而北方则以冬季发病为主；呼吸系统综合征常存在。断奶仔猪多系统衰竭综合征等更是不分季节，所以不能再用以往的发病规律去判断和预防疾病。

（4）与环境和管理水平有关　猪的发病规律，与猪场的环境条件及管理水平有很大的关系。一般来讲中小猪场发病严重，几十头母猪到几百头母猪的猪场为主要的发病群体。这部分猪场一般基础规划、设计不够合理，环境条件较差，硬件设施相对落后，管理也不够规范，生物安全措施不健全，猪一旦发病，损失惨重。相对而言，管理规范、环境条件好、生物安全措施到位的大规模猪场猪的发病率较低，猪即使发病，也可以做到症状较轻、恢复较快、损失较小。但如果大规模猪场的环境、管理等出了问题，养殖风险会更大。总之，现在的猪病与环境、管理密切相关。

二、猪发病时的主要表现

猪发病表现多种多样，不同阶段的猪有不同的发病特点，虽然猪发病时的病原各不相同，表现也不尽一致，但仍有规律可寻。

（1）种猪　大面积、急性发病的情况比较少见，一般症状不明显，多表现为繁殖障碍。例如，后备母猪8个月龄仍无发情表现或屡配不孕；母猪在妊娠后期及哺乳期不明原因的食欲减退或不食；哺乳母猪少乳或无乳，采取催乳、消炎、提高营养等措施也收不到较好的效果；个别母猪流产、产死胎、产弱胎；母猪产后炎症比例较多，断奶后发情配种不正常等。部分母猪结膜发红或黄染，眼分泌物增多，有泪痕；皮肤黄白或苍白，有的背部毛孔有铁锈色出血点等。种公猪精液质量下降，精液稀薄，精子数量减少，精子活力减弱，畸形精子增多等。

（2）哺乳仔猪　当母猪受到蓝耳病等病毒的隐性感染时，常可见新生仔猪腹股沟淋巴结出血（透过皮肤即可看到）；小猪蹄部角质部分和蹄底有紫红色瘀血斑，严重时整个蹄部为紫红色；少数乳猪可见腹下有细小出血点，这样的乳猪如果症状轻微，奶水充足，营养良好，大部分可以耐过，10～15天后症状逐渐消失，一旦发生腹泻等疾病则难以治愈，死亡率很高。母猪有附红细胞体等其他病原感染时，所产仔猪较弱。如果母猪本身不健康，奶水不足，则乳猪常发生腹泻、气喘、关节肿大等问题。如果新生仔猪出现流行性腹泻则死亡率极高。

（3）保育猪　保育猪难养是目前养猪人的共识。许多猪场哺乳仔猪基本正常，断奶时表现健康状况良好，但一般断奶后5～10天就开始逐渐出现问题，也有的在保育后期出问题。主要表现为：被毛粗乱，渐进性消瘦，皮肤苍白，腹股沟淋巴结肿大或出血，咳嗽，气喘，有的猪腹泻、关节肿大，极个别猪有神经症状。随着病程的延长，有些猪耳尖变紫，严重时腹下变为紫红色或有出血点。

（4）育成猪（13～18周龄）　主要表现为呼吸系统综合征，常常因为气温的变化，育成猪受到各种应激等而发病。病初常表现为感冒症状，有的猪病初体温升高，常流透明鼻液，1～2天后体温恢复正常。但病猪咳嗽，随后发展为气喘，个别猪流透明鼻液或有泡沫性血水；有的猪关节疼痛，行动困难。淋巴结肿大或出血。严重时耳、腹下、四肢等部位呈紫红色。注射药物有时可缓解症状，但停药后常复发，且难以治愈，病程较长，多以死亡而告终。也有的猪出现顽固性腹泻，反复发作，用药效果不理想。

三、猪发病的主要原因

为什么会出现上述的问题呢？主要有以下几个原因：

（1）**存在免疫抑制性疾病**　猪蓝耳病病毒主要破坏巨噬细胞系统的功能，导致非特异性免疫力的下降；圆环病毒则破坏T-淋巴细胞与B-淋巴细胞的功能，引起细胞免疫与体液免疫功能的降低；支原体会降低支气管的防御功能；猪瘟病毒、副猪嗜血杆菌等多种病原都可以降低猪的免疫力，使猪容易生病。

（2）**环境因素**　猪舍通风不良，密度过大，温度、湿度不适宜也是造成猪抗病能力下降的主要因素。在闷热、潮湿、狭小、阴暗、无阳光、通风不良、臭气熏天、拥挤不堪的环境中，猪的应激反应大，即使健康猪也会呼吸不畅。在这样的环境下，猪很容易发病。

（3）**滥用药物**　多品种、大剂量地使用抗生素带来的首先是耐药性的问题。由于近几年来许多猪场长时间、低剂量、多品种使用抗生素保健，因此形成了许多耐药菌和超级耐药菌，造成了抗生素的使用不断升级，剂量不断增加，疗效越来越差。同时，药物的毒副作用也越来越明显，如损害了实质脏器的功能，造成肝脏变性、肾脏水肿；抗生素造成的免疫抑制问题突出，特别是不加选择地使用一些明显降低免疫力的药物，使原本抗病能力就很差的猪的抗病能力就更低。

（4）**霉菌毒素中毒**　霉菌毒素的问题在猪场普遍存在，霉菌毒素可损害肝脏的功能，引起肝变性，解毒能力降低；使胃肠道充血，损害小肠黏膜，降低消化功能，引起腹泻、消瘦等；导致母猪假发情，使未到发情期的小母猪，甚至新生仔猪外阴红肿；损害免疫系统的功能，导致严重的免疫抑制，机体的抗病能力下降，容易诱发许多疾病。

（5）其他因素 生物安全措施不到位，导致病原到处传播；各种应激因素，如气温的变化、断奶、转群、运输、疫苗注射、饲养密度过大等都会降低猪自身的免疫力。

四、猪发病的原因

猪是否发病，取决于两大因素：一是病原的数量，二是猪自身的抵抗力。当猪群健康、抗病能力强时，只要病原对机体的影响没有超过机体的抗病能力，猪就表现为健康。当然健康的猪如果遇到强毒来袭，超过了自身的抗病能力时也会发病，但因为健康的猪自身免疫力正常，因此疾病控制相对容易。当机体的抗病能力下降时，尽管病原数量不多，但只要对机体的影响超过了机体的抗病能力猪就表现发病。如果病原数量再增多，则病情会更严重。因为自身免疫力低下，所以发病后难以控制。

在各种病因的作用下，如免疫抑制性疾病、环境不良、气温变化、各种应激、霉菌毒素等，机体的抵抗力下降，此时病原的侵入和增殖会进一步导致猪的免疫力下降，猪就会发病。

五、健康养猪的理念

猪发病的主要因素有两大类，那么防病的方法也有两个，一是提高猪群自身的抗病能力，二是减少体内外环境中病原的数量。猪具有完善的、健全的、强大的自身的防御系统。当猪遇到细菌、病毒等病原侵害时，首先是皮肤、黏膜发挥隔离作用；当病原突破皮肤、黏膜屏障后，淋巴结等会阻止病原的继续深入；当病原侵入血液时，白细胞等血中的防御细胞会将其吞噬、消灭；当病原侵入机体内部时，体液免疫系统会产生特异性的抗体来中和病原，细胞免疫系统会产生各种淋巴因子来消灭病原，具有吞噬作用的网状内皮系统等会吞噬这些病原。因此，尽管猪生活的环境存在病原，猪每天都在接触病原，但健康的猪并不生病。我们所做的就是维护和提高猪自身免疫功能，从而增强猪自身的抗病能力。

对于病毒病来说，最重要的：一是调解机体的免疫功能，提高自身抗病能力；二是对症治疗以减轻临床症状。可通过注射"安特威"来干扰病毒复制。对于细菌性疾病可用抗生素来治疗，但同时注意保护机体的抗病能力。

疫苗的免疫效果取决于猪的健康水平。许多猪场给猪注射了某种疫苗，但机体并不产生抗体或产生的抗体量不足，达不到免疫效果。原因有两个：一是疫苗质量不好；二是猪群不健康，免疫应答反应能力降低。猪群只有在健康状况良好、免疫系统功能正常时，才能对疫苗产生正常的免疫应答而产生抗体。如果猪已处于免疫抑制状态、疾病的潜伏期或发病期，则对疫苗没有应答或应答能力降低，这时注射再多的疫苗也无济于事。

药物的疗效也同样取决于猪的健康水平。如果猪群体质较好，自身的免疫能力没有下降，则对药物的反应比较快，也相对敏感，那么治疗效果也好。反之，猪体质差，免疫力差，对药物的反应也差，治疗效果也不理想。

因此，提高猪自身的抗病能力，增强体质是预防各种疾病的基础。在养猪过程中要树立三个理念：①自然的理念，考虑到猪的自然属性与生活习性，不要违背猪生长发育的自然规律，为猪提供适宜的生存环境。②健康的理念，一切从健康的角度出发，特别是在药物保健上，要充分考虑到药物的毒副作用，免疫抑制作用强的药物尽量少用。③预防的理念，现在的猪病一旦发病，治疗难度很大，付出的代价也很大，因此一定要在预防上下工夫，尽量做到不发病，少发病。

六、猪病的正确防控方法

面对猪场复杂的发病形势，必须有一整套综合防控措施，从保健、免疫、环境控制等各方面采取措施，才能取得预期的效果。

（1）采取有效的药物预防措施　预防原则是，以提高免疫力、提高健康水平为基础，以控制病毒为中心，以减少病原菌为目的，采取综合防控的措施，这是由病的复杂性所决定的。

（2）制定科学的免疫程序　免疫是预防各种传染病的主要手段之一，要根据本场的实际情况制定一套合理的免疫程序。值得注意的是，一定要在猪健康时注射疫苗。

（3）提供良好的生活环境　要想让猪健康，首先要为猪提供一个适宜的环境，根据各类猪不同的要求，为其提供适宜的温湿度；猪舍要宽敞明亮，猪要有足够的活动空间；保持良好的通风条件；猪舍内要保持清洁、卫生；种猪要适当运动，以增强体质，提高健康水平与繁殖能力。

第二节　猪呼吸道疾病及其防控措施

近年来，养殖场越来越感到猪难养，猪发病率高、死亡率高、治疗效果差、猪只育成率差、掉膘比例增加，猪只出栏率推迟等。究竟是什么原因导致猪难养呢？主要是大家没有认识清楚目前猪难养的原因，没有掌握猪群发病规律。本节通过控制育肥猪的呼吸道综合征，谈下如何提高育肥猪的成活率和饲料报酬。

一、猪呼吸道疾病的危害

随着养猪业规模化的推进，猪的饲养密度增加，呼吸系统的疾病日趋严重。自2006年以来，以猪蓝耳病病毒、支原体肺炎、猪传染性胸膜肺炎、圆环病毒2型、副猪嗜血杆菌或链球菌等多种病原混合感染为主的呼吸道疾病，常导致猪发病率高、死亡率高。而肺炎支原体、猪传染性胸膜肺炎等多种病原菌引起的慢性感染，导致猪出现慢性肺炎等呼吸道问题，虽然临床上的表现症状相对轻微，猪的死亡率也较低，但却严重影响猪的生长速度与料重比，增加治疗成本，导致猪只均匀度差，饲料报酬大大降低，猪只推迟出栏10～15天及以上，严重影响猪场经济效益。在24项不同的研究中，支原体肺炎可使猪日增重降低2.8%～44.1%。

当前我国已有好多学者和猪场管理人员意识到猪出现慢性肺炎时对饲料的消耗很大。利用肺部病变来评估分析，全面了解慢性肺炎对育肥猪生长速度的影响发现，育肥猪在生长阶段没有明显咳嗽、腹式呼吸等症状，但屠宰后肺脏却呈现不同程度的实质性病变或粘连。

二、猪呼吸道疾病的发病原因

有效预防呼吸道疾病，首先必须明确发病的根本原因。发生呼吸道疾病的直接原因是气温的突然变化。当冷空气来袭，猪舍内昼夜温差加大，猪鼻腔、咽喉、气管、支气管等上呼吸道黏膜受到刺激，导致猪防御能力降低。为了保温，会封闭猪舍，但却不注意猪舍的通风换气，造成猪舍内氨气、二氧化碳等有害气体浓度过高，结果加重了对呼吸道黏膜的刺激。目前，好多猪场存在蓝耳病病毒、圆环病毒等，这些病毒导致猪免疫受到抑制，抗病能力进一步下降，原本存在的支原体也会降低呼吸道的防御功能。在上述情况的共同作用下，呼吸道内的正常菌，如巴氏杆菌、副猪嗜血杆菌、链球菌等会大量增殖，在猪抗病能力下降时引发疾病。其他病原，如附红细胞体等在猪健康时并不活动，但当猪健康水平下降时会诱发猪发病。另外，在猪免疫力下降时，环境中的病原，如胸膜肺炎放线菌、流感病毒等也会引发猪呼吸道疾病。因此，当气温变化机体免疫力降低时，猪易发生呼吸道疾病。

三、猪呼吸道疾病的主要症状

猪发生呼吸道疾病时既有共性，又有其特殊的症状，只有了解了各种病原感染的特征才能对症下药。

（1）**呼吸道疾病的共同特点**　初期，病猪主要表现为单纯性咳嗽，在清早或采食后明显。也有的病猪突然体温升高，皮肤发红，食欲减退。随着病情的发展，猪开始表现为气喘，腹式呼吸，鼻孔流出泡沫样血水或鼻液，被毛粗乱，皮肤苍白，耳、四肢、胸前、腹下等部位紫红或粉红色。注射治疗后，症状可缓解，食欲也会暂时恢复，但气喘症状难以消除。病情往往反复发作，难以全愈，最后变成僵猪或死亡，也有的猪会出现急性死亡。

（2）**继发感染不同病原所表现的特征**　一般来说，当前猪的呼吸道疾病都是感染支原体、蓝耳病病毒、圆环病病毒的基础上，机体在应激状态下免疫力下降，同时又继发感染了其他不同病原所致。根据继发感染病原的不同，猪呼吸道疾病的表现症状也各不相同。

四、猪呼吸道疾病的防控措施

1. 做好基础工作，创造良好环境

环境条件、气温的变化是发病诱因，因此，预防呼吸道疾病必须从改善环境做起。要时刻注意天气变化，及时采取保温措施，如夜间气温下降时要放下卷帘，关闭门窗，尽可能缩小昼夜温差，以维持猪舍内温度的恒定。同时一定要注意通风换气，每当猪舍封闭时，猪发生咳喘的比例会立即增多，这主要是空气污浊所致。因此保温的同时要注意加强通风换气，如开启排风机、打开通气窗等，以保持空气的流通与新鲜。

2. 提高猪群免疫力是预防呼吸道疾病的根本

猪群发病与否，与自身的免疫力息息相关。抗病能力强的猪在传染病流行时可能不发病，即使发病也容易治愈，有的甚至不治自愈。因为机体本身就具备健全的免疫功能，能识别并杀灭侵入体内的病原。当发生病毒性疾病时，基本上没有特效药，只能通过提高自身的免疫力来康复。

3. 科学的药物防控方法

（1）新购仔猪或断奶育肥猪预防保健推荐程序（"吉祥三宝"30天预防理念）

①新购仔猪或断奶仔猪 仔猪入圈后，在1吨饮水中加1千克超能，连饮7～10天。海乐康、富尔泰、替乐加各1千克拌1吨饲料，干喂7天。颗粒料粉碎后加药拌均匀，让猪只自由采食7天。用药期间可打猪瘟疫苗。

②仔猪入圈30天 超能、海乐康、海强力各1千克拌1吨饲料，连喂3天，3天后上述药物各1千克拌2吨料再用4天，一个疗程共7天。

③仔猪入圈60天 超能、海乐康、替乐加各1千克拌1吨饲料，连喂3天，3天后上述药物各1千克拌2吨饲料再用4天，一个疗程共7天。

（2）母猪预防保健程序推荐 每2个月1吨饲料中加超能、海乐康、替乐加各1千克，连喂7天；每6个月1吨饲料中加超能、海乐康、富尔泰各1千克喂15～20天。

4. 疾病治疗推荐方案

（1）仔猪疾病治疗推荐方案 针对仔猪腹泻、发热、食欲减退、腹式呼吸、腿瘸、腿痛、被毛粗乱、干瘦、烂蹄、热应激等症状，推荐以下治疗方法。

超能（1千克）和葡萄糖粉（2千克）兑1吨水，连饮7天。超能、海乐康、富尔泰、替乐加各1千克拌1吨饲料，连喂7天，（一个疗程7天），干喂。

备注：若怀疑有猪瘟发生，用药第3天可考虑加强猪瘟疫苗接种，能明显降低死亡，然后继续用药对症治疗；若怀疑有蓝耳病，用药2周至到完全康复。

（2）中大猪疾病治疗推荐方案   针对中大猪腹泻、高热、咳嗽、食欲减退或不食、腹式呼吸、腿瘸、腿痛、被毛粗乱、烂蹄子、热应激等症状，推荐以下治疗方法：

超能（1千克）和葡萄糖粉（2千克）兑1吨水，连饮3～7天。超能、海乐康、替乐加各1千克拌1吨饲料，连喂7天（一个疗程7天），干喂。

备注：①若怀疑有猪瘟发生，用药第3天可考虑加强猪瘟疫苗接种，可明显降低死亡，然后继续用药对症治疗；②若怀疑有附红细胞体病，饮水中再加100克海强力，连饮7天；③若怀疑有蓝耳病，此方案可明显降低因蓝耳病而造成的死亡率。

以上是笔者过去在陕西临渭区、大荔县、蒲城县、咸阳地区、三原县、礼泉县、榆林、张掖等几十个县区，几百家50～2 000头育肥猪场的预防方案。按上述方案，每头猪仅花费30元左右的药物费用，但却能取得较好的成绩，育成率在97%以上，猪生长得也很均匀，比没预防的猪或没用价格较高药物、没有有效预防方案的猪提前出栏10～15天；同时也解决了慢性肺炎对饲料的消耗，一头猪能省饲料80多元。

第三节   母猪亚健康状态的表现及控制措施

母猪体内存在毒素，有病毒感染时处于亚健康状态，其有以下临床症状：

（1）母猪有耳垢、有泪斑（图3-1）。

（2）母猪颈部有出血点，有铁锈色，毛色发灰青；母猪背部有铁锈色（图3-2）或出血点或一条发灰的脊梁骨，有的很宽、很长，有的短而窄。

（3）母猪不发情或配种后反复返情；母猪早产或延迟生产。

（4）母猪怀死胎、怀木乃伊胎、流产；仔猪出生后均匀度不好，弱仔多，初生重小。

（5）母猪产后奶水不好，缺奶或无奶。

（6）仔猪出生后毛色灰暗，乳头发青、发紫等。

（7）仔猪出生后腹股沟淋巴结发青、肿大（图3-3）。

（8）仔猪出生后腹泻，药物治疗无效果，1周之内因腹泻造成的死亡在

80%以上。死亡仔猪肝脏肿大1倍以上。边缘发黑或发黄，有明显中毒性坏死；肾脏凸凹不平，有出血点；肠道出血。

　　以上症状都是母猪不健康或处于亚健康的状态，严重影响母猪生产成绩。

图3-1　泪　斑

图3-2　背部铁锈色

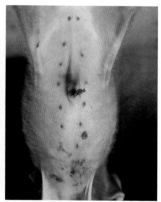
图3-3　仔猪腹部沟淋巴结发青、乳头发青

　　有效控制方案是：清除体内外毒素，解除免疫抑制，控制病毒，使母猪由亚健康状态变成健康状态。

　　有效经典的治疗预防方案（此方案获得"中国动保效方案奖"）：超能、海乐康、富尔泰各1千克拌1吨料，再加5千克葡萄糖粉，共用30天，以达到控制母猪蓝耳病、伪狂犬病、细小病毒病、流行性腹泻等疾病和清除体内毒素的目的；控制仔猪腹泻综合征，使母猪由亚健康状态转变成健康状态，以提高母猪的各项生产成绩。此方案最好半年一次，平时预防时在哺乳母猪料中加昕肠态M，母猪料中加昕霉脱，并按说明使用。

第四节　仔猪腹泻的原因及防治

　　仔猪腹泻问题一直在养猪生产中普遍存在，每年因仔猪腹泻死亡所造成的经济损失也十分巨大。目前在规模化猪场，由于混合感染而造成的仔猪腹泻已经成为一个很难解决的复杂问题。若不掌握目前仔猪腹泻混合感染的严重情况并弄清主要病原，不采取综合防治的方案，很难控制该病。另外，仔猪腹泻只是一个症状，很多病都会引起腹泻。

一、哺乳仔猪腹泻综合征

近年来，我国养猪场出现了全国性的大面积的腹泻，以哺乳仔猪最为严重，发病率为50%~100%，死亡率可高达50%~100%。该病每年不分季节反复发生，每次延续半年之久，给养猪业造成了不可估量的损失。如何预防仔猪腹泻综合征，是当前母猪场的头等大事。

1. 临床症状

发病猪以哺乳仔猪为主，且仔猪多在出生后3~4日龄发病，最早可以在出生后的第2天发病。病程1~3天，持续时间3~5天，死亡率几乎100%，也有的因腹泻一胎只剩下1~2头。病初部分仔猪呕吐，呕吐物为黄白色乳凝块及部分胃液，体温40℃左右，部分病猪体温正常，继而开始腹泻，腹泻开始后又呕吐，然后呕吐停止，体温也恢复正常。排黄色稀粥样粪便，也有的排黄绿色水样粪便。腹泻初期仔猪多保持吮乳，但同时脱水速度也较快。严重时仔猪一夜之间就会出现严重的脱水，眼球下陷明显，消瘦，很快死亡。

2. 剖检变化

小肠、大肠黏膜有的轻度至中度充血或出血；肝脏肿大1~2倍，有的肝脏边缘发黑，有的肝脏边缘呈土黄色，质脆或变硬；肾脏肿大，有的肾脏凸凹不平，包膜不易剥离，部分有针尖状出血点；心肌松软色淡，心脏横径增大，冠状脂肪呈胶冻样浸润。

3. 发病原因

主要是母猪慢性中毒引起免疫力低下之后造成的病毒、细菌的混合感染。

（1）**中毒性因素** 对哺乳仔猪腹泻时的母猪进行检测发现，母猪中毒指数非常高。中毒可能是病毒、细菌的内毒素，可能是霉菌毒素，也可能是饲料中的重金属等。从病理剖检变化上看，肝脏、肾脏的中毒性变化明显，说明中毒症状的确存在。

（2）**流行性腹泻毒株** 相关部门已在腹泻的哺乳仔猪体内检测到了大量的流行性腹泻（PED）的变异毒株。

（3）**耐药性大肠杆菌** 2007年以来，有一种超级耐药的大肠杆菌（超级大肠杆菌），对几乎所有的常用抗生素都产生耐药性，而且可以产生内毒素。在腹泻的哺乳仔猪体内也检测到了大量的耐药大肠杆菌，现在已被确定是腹泻的病原之一。

（4）**博卡病毒、库布病毒**　在腹泻哺乳仔猪体内检测出了两种新病毒，一度认为它们是腹泻的主要病原，但后来发现未发生腹泻的仔猪体内也可检出这两种病毒。因此这两种病毒不太可能是发病的主要病原。

（5）**其他病毒**　有的猪场检测出了大量的轮状病毒，也有的猪场存在蓝耳病病毒、猪瘟病毒、伪狂犬病毒等。

综合上述情况，可以断定哺乳仔猪出现腹泻并非由单一病原造成的。另外，不同的猪场哺乳仔猪的发病表现也不完全相同，检测出的病原也多种多样。腹泻应该是以母猪慢性中毒引起的免疫力低下之后造成的病毒、细菌的混合感染，同时存在耐药大肠杆菌等细菌的继发感染，但中毒性因素普遍存在。

4. 应对措施

控制哺乳仔猪的基本思路是：清除母猪体内毒素，控制母猪携带的病毒，保证母乳质好、量足，以此保护新生仔猪的安全和健康。

预防方案：对发病不严重的地区或猪场每6个月在母猪饲料中加入富尔泰1千克/吨、超能1千克/吨、海乐康1千克/吨，饲用25~30天，对发病严重地区或猪场可考虑每2~3个月重复以上方案一次。该方案的主要功效是控制母猪体内病毒，清除体内毒素，解毒保肝，提高母猪的抗病能力，确保奶水正常，新生仔猪健康。

二、猪瘟

猪瘟是由猪瘟病毒引起，该病毒只有一个血清型，但毒株有强、中、弱之分。强毒株引起的是死亡率高的急性猪瘟。中毒株一般引起亚急性或慢性感染。低毒株感染猪后往往不表现临床症状，但胚胎感染或仔猪感染可引起死亡。因为猪瘟病毒只有一个血清型，因此只要做好有效的疫苗免疫，方法得当，剂量合适，猪瘟完全可以得到控制。

当前大多数猪场以非典型猪瘟为主，其流行特点、临床症状、病理变化都没有典型猪瘟那么明显、有规律。仔猪感染非典型猪瘟后，没有典型猪瘟的发病特征，有的只表现腹泻，体温有时也不升高；腹泻持续十几天到20天，用药物治疗时有好转，但过一两天仔猪又出现腹泻，有时又大量死亡，有的病猪可拖延1个月以上。

非典型猪瘟引起母猪繁殖障碍时，猪瘟病毒可经母猪胎盘传给仔猪，表现为母猪空怀、早产、产死胎、产畸形胎，以及产后仔猪腹泻，体弱，数天内死亡。针对这种乳猪腹泻，没有好办法可救，只能淘汰被感染的母猪，给母猪群做好猪瘟疫苗的预防，让出生的仔猪健康。

对于非典型猪瘟的防治，采用的措施是对于新购仔猪，在1吨饮水中加超能1千克，连饮7～10天；海乐康、富尔泰、替乐加各1千克拌1吨饲料，干喂7天。用药期间可注射猪瘟疫苗，用药第3天给全群猪（包括腹泻、体弱、潜伏期的猪）接种猪瘟疫苗（细胞苗4头份，脾淋苗2头份），能有效控制非典型猪瘟。接种猪瘟疫苗后，对腹泻发病的猪继续用药，防止出现继发感染。另外对于新购仔猪一定在1周之内要接种猪瘟疫苗，1月后再加强免疫一次。对断奶仔猪也要按免疫程序进行猪瘟疫苗接种，接种完疫苗半天后继续用药对症治疗继发感染。

当前对于猪瘟的防治，有些养殖人员并没有认识到非典型猪瘟的危害，仍采取传统的观念，即新购仔猪出现腹泻等后，不在1周之内注射猪瘟疫苗，而是先治疗仔猪腹泻再注射猪瘟疫苗，结果越治仔猪腹泻的越多。因此，在对猪瘟的防治上，一定要按免疫程序对全群的仔猪进行接种，接种后继续用抗生素类药物对症治疗。

三、猪大肠杆菌病

猪大肠杆菌病是由致病性大肠杆菌引起的猪的一种传染病，即出生后数日发生的为仔猪黄痢，2～4周龄发生的为仔猪白痢，6～15周龄发生的为猪水肿病。

对于仔猪黄白痢，要认识以下几点：

（1）仔猪黄白痢是一种传染病　防治仔猪黄白痢一定要按传染病来防治，要加强网床、圈舍的消毒，一两头仔猪出现腹泻时最好全窝用药治疗。

（2）本病的传染源主要是带菌母猪，可给母猪定时投药预防。

（3）仔猪黄白痢是一种条件性猪大肠杆菌病，当饲养管理不当、气候巨变、环境卫生不好时，易诱发本病。当条件发生变化时，猪体内有益的大肠杆菌会转化成治病性大肠杆菌。因此，控制仔猪黄痢白痢一定要加强饲养管理。

（4）目前，在腹泻猪中检测到了大量的耐药大肠杆菌。针对排黄色稀便的症状，任何抗生素的治疗效果都不明显，富尔泰1～3克/头，1天2次，连用2～3天效果较好。富尔泰对超级大肠杆菌病的治疗效果明显。

四、猪传染性胃肠炎和猪流行性腹泻

猪传染性胃肠炎是由猪传染性胃肠炎病毒引起的一种接触性肠道传染病。病猪表现为呕吐，严重腹泻及脱水。各年龄的猪都可发生，10日龄以内仔猪死亡率很高，5周龄以上的猪死亡率很低，成年猪几乎没死亡。猪流行性腹泻是由猪流行性腹泻病毒引起猪的一种肠道传染病。临床上以排水样便、呕吐、脱水为特征。现已在腹泻猪体内中检测出了大量的流行性腹泻的变异毒株。

这两种病的临床特征和流行病学相似。防治方法是：母猪在产前按说明注射猪传染性胃肠炎、猪流行性腹泻和猪轮状病毒三联苗；刚出生的仔猪，注射0.5毫升安特威，间隔2天再注射1次，连用2次，预防效果好；对发病的吃奶仔猪注射0.5毫升"安特威"，间隔2天再注射1次，连用2次，预防效果好，能挽救部分发病的仔猪；对断奶仔猪及育肥猪，在1吨饮水中加超能（1千克）和口服补液盐（按说明），连饮7～10天；海乐康、富尔泰、替乐加各1千克拌1吨料，干喂7天，效果也很好。

第五节　仔猪断奶衰竭综合征和母猪繁殖障碍综合征

一、仔猪断奶多系统衰竭综合征

仔猪断奶后以消瘦为主的多系统衰竭综合征，是指以圆环病毒2型为主要病原，继发或混合感染其他致病微生物的一系列疾病的总称。

1. 仔猪断奶多系统衰竭综合征的主要特征

（1）临床症状　僵猪比例明显增多，生长不良或停滞，消瘦、贫血，部分猪出现黄疸，有的猪表现为呼吸困难，有的猪出现腹泻，腹股沟淋巴结明显肿大，发黑、发青，有些猪在病初发热。

（2）病理变化特征　淋巴器官的肉芽肿炎症，全身淋巴结肿胀，尤其是腹股沟浅淋巴结、肠系膜淋巴结和支气管淋巴结明显肿大，切面湿润，呈白色或土黄色；肺肿大，弹性减退，韧性增加，呈灰白色，质如橡皮，

称"橡皮肺"，有的可见斑点状出血；肾肿胀，出现灰白病灶，有"白斑肾"之称，严重时整个肾呈黄白色或灰白色；心脏变形，质地柔软，心冠状沟脂肪。

2. 圆环病毒病的发病原因及防控策略

（1）圆环病毒病的发病原因

①机体免疫受到抑制　圆环病毒乙型由于侵入休内后使病猪不能发动有效的免疫应答而导致免疫抑制。因此，仔猪断奶多系统衰竭综合症感染猪对其他病源微生物易感染，从而易诱发其他疾病。

②因免疫抑制而导致免疫缺陷　主要表现为：低致病性病源或弱毒疫苗可以引发疾病；接种疫苗后没有获得充分的免疫应答，注射疫苗后抗体水平不高或无抗体；猪群中有多种疾病同时发生；反复发病，治疗效果不好。

③单独感染致病力不强　仔猪单独感染圆环病毒乙型，临床症状不明显；而圆环病毒乙型与蓝耳病病毒或猪瘟病毒共同感染时猪可产生严重的病症。仔猪断奶后受圆环病毒和细菌（如副猪嗜血杆菌、链球菌等）的混合感染时，仔猪会出现腹泻、腹式呼吸、消瘦，死亡很大。因此，其他病源微生物，可以诱发仔猪断奶多系统衰竭综合症。另外，圆环病毒病还引起猪只皮炎肾脏综合征。

（2）圆环病毒病的防控策略　本病的特征为免疫功能缺失，因此防治的关键是提高猪群的免疫力与健康水平，解除免疫抑制，主要做好以下几项工作：

①做好基础工作　环境不良、密度过大、营养不足、各种应激因素等是诱发仔猪圆环病毒病的重要因素，因此良好的基础工作是预防圆环病毒病的前提，否则其他治疗方法都难以取得良好的效果。

②免疫接种　做好圆环病毒病疫苗的接种，同时做好其他常规免疫。

③药物防控　到目前为止，由圆环病毒乙型引起的相关猪病的病原和致病机理尚且未完全了解，因此还不能完全依赖疫苗，合理的药物预防是控制该病不可缺少的有效手段。

仔猪断奶后以消瘦为主的多系统衰竭综合征的预防，必须从母猪做起，才能从根本上解决问题。

二、母猪繁殖障碍综合征

许多猪场，表面上看没多大问题，但繁殖问题不断。例如，母猪常常不发情或屡配不孕；部分母猪流产、早产，产死胎、弱仔，产后无奶少奶或少奶；新生仔猪不健康，成活率低下。

　　分析母猪出现繁殖障碍的主要原因是母猪免疫力低下，免疫抑制，而免疫力低下主要原因是慢性病毒性疾病和慢性中毒引起的。

　　要从根本上解决问题必须从母猪抓起，控制病毒，清除体内毒素，解除免疫抑制，提高母猪健康水平。因此，对于母猪繁殖障碍为主的母猪繁殖障碍综合征，要在用药物调理母猪机能、解除免疫抑制、清除体内毒素的前提下，按免疫程序做好疫苗接种，并对细菌性疾病进行针对性的药物保健。

　　有效方法是：后备母猪在配种前1个月，每吨饲料中加富尔泰（1千克）、超能（1千克）和海乐康（1千克），连用25～30天。

　　对发生发病不严重的猪场每6个月重复一次以上方案；对发病严重的猪场可考虑每2～3个月重复一次以上方案。该方案的主要功效是控制母猪体内病毒，解除免疫抑制，清除体内毒素，解毒保肝，提高抗病能力，确保新生的仔猪健康，母猪奶水正常。

　　总之，对于当前传染病的预防和治疗，在做好饲养管理的同时，一定要树立综合防治的观念。混合感染严重时，不要只考虑单一传染病，要深刻理解"病毒搭台，细菌唱戏"的深刻含义，控制病毒，消除猪只亚健康状态，提高其自身抵抗力，是控制传染病的关键。只有掌握了综合征的防治方法和控制原理，系统地防治传染病，才能彻底地控制传染病的发生，保障各类猪群的健康、安全和生产成绩，猪场才能取得很好的经济效益。

第六节　猪生产中的免疫知识

　　免疫一般有三大功能：一是抵抗感染；二是维持自身稳定；三是启动免疫监视。在养猪生产中，控制传染病的流行是养猪生产者关心的头等大事，而掌握养猪的免疫基础知识，制定可行的免疫程序，定期做好药物保健和生物安全措施，是控制传染病流行的主要措施。本节简要介绍猪生产中与免疫有关的基本知识。

一、抗原与抗体

　　凡是能刺激机体产生抗体和致敏淋巴细胞，并能与之结合引起特异性免疫反应的物质称抗原。在养猪生产中，使用的各种疫苗，如猪瘟疫苗、猪伪狂犬病疫苗等都是抗原，其主要的作用是刺激机体产生抗体。

抗体是在抗原的刺激下产生，并能与之特异性结合的免疫球蛋白。母猪分泌的乳汁中含有许多种类的免疫球蛋白，因此一定要让刚出生的仔猪吃好、吃足初乳，以便产生抵抗多种疾病的抗体。

二、人工主动免疫

动物机体对病原体的免疫力可分为先天性免疫和获得性免疫两种。获得性免疫又分为主动免疫和被动免疫，二者又有天然的、人工的之分。其中人工主动免疫，即接种免疫疫苗可使动物获得对某一传染病的抵抗力。在养猪生产中，猪的有些疫病难以诊断，也难以治疗，但通过常规防疫措施可以加以控制和扑灭。例如，猪瘟、猪伪狂犬病等疫病，接种疫苗可使猪群获得抗体。

三、免疫抑制

免疫抑制是指猪只在一些疾病，如蓝耳病、圆环病毒病、猪瘟、支原体病霉菌毒素相关疾病等的作用下，机体免疫系统受到影响，即影响机体抗体的生成，影响机体各种淋巴因子及生物活性物质的释放，影响机体巨噬细胞及各种免疫相关细胞的活性，导致机体抗病能力差，免疫力下降，机体处于亚健康状态。

四、疫苗使用注意事项

（1）一定要按照疫苗生产厂家的说明运输、保存、使用。

（2）免疫做到消毒严格，部位准确，操作正确，免疫率100%。

（3）注射疫苗时，尽量不要同时注射两种或两种以上的疫苗，每种疫苗注射时间间隔至少5～7天。

（4）注射疫苗时，一定要细心登记批号、有效期、厂家、注射头份、剂量等内容。严禁使用过期疫苗。

（5）注射疫苗的针头，要适当长且要垂直操作，不要注射进脂肪层。最好1头猪用1个消毒好的针头。

（6）注射后30～60分钟观察猪是否有疫苗反应；若出现疫苗反应，应及时肌内注射肾上腺素或地塞米松。

（7）注射疫苗后，若猪出现低烧或采食量下降，则属于正常现象，1～2天可自行康复。

（8）坚持"预防为主，治疗为辅"的方针，做好消毒、饲养管理等工作，使猪能获得最好的免疫效果。

五、过敏反应及其处理

在养猪生产中，随着猪疫苗接种种类和次数的增多，因注射疫苗而发生的过敏反应屡见不鲜，严重的因过敏性休克救治不及时而猝死，给猪场造成经济损失。

在养猪生产中，以注射猪瘟活疫苗较容易引起过敏反应。针对这种情况，笔者的经验是：在注射疫苗时，要做随机抽样测试。即从同批猪（指年龄相仿、体重相近、来源相同或相近）中抽取一定数量猪只8～10头，先进行疫苗注射。注射完毕后30～60分钟内没发现异常时，再给猪只进行大批量接种。疫苗过敏一般为呕吐、肌肉颤抖、呼吸加剧、卧地等症状，有的发生暂时性休克。因此对疫苗过敏的处理一定要及时，否则会导致猪只死亡。发生过敏时，用肾上腺皮质激素类药，如地塞米松进行肌内注射，效果特别好。

六、猪的免疫程序

制定免疫程序时考虑到本地的疫病流行情况，猪种类、年龄、饲养水平、母源抗体水平，疫苗的性质、类型、免疫途径等。而且，免疫程序也不能固定不变，应根据应用的实际效果随时进行调整，血清学抗体监测是重要的参考依据。常见猪病的免疫程序见表3-1。

表3-1　常见猪病的免疫程序

猪只类型	防疫时间	疫　苗	用　量
哺乳仔猪	1～3日龄	猪伪狂犬病疫苗	1.5头份（滴鼻）
	14日龄	猪圆环病毒病疫苗、猪蓝耳病疫苗	按说明使用
	21日龄	猪瘟弱毒细胞疫苗	2头份

（续）

猪只类型	防疫时间	疫　苗	用　量
保育猪	40日龄	伪狂犬基因缺失苗	2头份
	47日龄	猪瘟弱毒细胞疫苗	2头份
	55日龄	猪蓝耳病疫苗	按说明使用
	65日龄	猪口蹄疫疫苗	2毫升
育肥猪	85日龄	猪口蹄疫疫苗	2毫升
	95日龄	猪瘟弱毒细胞疫苗	2头份
	110日龄	猪蓝耳病疫苗	按说明使用
后备种猪	154日龄	猪瘟弱毒细胞疫苗	4头份
	160日龄	猪圆环病毒病疫苗、猪蓝耳病疫苗	3毫升/2头份
	166日龄	猪伪狂犬基因缺失疫苗	2头份
	172日龄	猪细小病毒病疫苗、猪乙型脑炎疫苗	3毫升/4头份
	178日龄	猪胃流二联灭活苗	4毫升
	184日龄	猪口蹄疫疫苗	3毫升
	190日龄	猪瘟弱毒细胞疫苗	4头份
	196日龄	猪圆环病毒病疫苗、猪蓝耳病疫苗	3毫升/2头份
	212日龄	猪伪狂犬基因缺失疫苗	2头份
	218日龄	猪细小病毒病疫苗、猪乙型脑炎疫苗	3毫升/4头份
	224日龄	猪胃流二联灭活苗	4毫升
	230日龄	猪口蹄疫疫苗	3毫升
妊娠母猪	产前35天	猪大肠杆菌腹泻苗	4毫升
	产前25天	猪伪狂犬病疫苗	2头份
	产前20天	猪细小病毒病疫苗、猪乙型脑炎疫苗	4毫升
	产前15天	猪大肠杆菌腹泻苗	4毫升
种公母普防	1月、4月、7月各1次	猪瘟弱毒细胞疫苗	4头份
	2月、5月、8月、11月各1次	猪蓝耳病疫苗	2头份
	2月、6月、10月各1次	猪伪狂犬病疫苗	2头份
	3月、9月各1次	猪胃流二联灭活苗	4毫升
	4月、5月各1次	猪乙型脑炎疫苗	2头份

七、影响疫苗免疫效果的因素

免疫应答是一种生物过程，受多种因素的影响，如遗传、营养状况、环境因素、疫苗质量、病原的血清型与变异、母源抗体、病原微生物之间干扰、免疫抑制等。在接种疫苗的猪群中，不同个体的免疫应答程度会有所差异，有的强，有的弱。绝大多数猪在接种疫苗后都能产生较强的免疫应答，但因个体差异，会有少数猪只的应答能力差，因而在有强度感染时，不能抵抗攻击而发病。如果群体免疫力强，则不会发生流行；如果群抵抗力弱，则会发生较大的疾病流行。因此，一定要在猪健康时注射疫苗。

为什么有些猪场注射疫苗后抗体水平上不来或不整齐，除了疫苗本身的质量问题及运输、贮存、操作不当外，一个更重要的原因就是猪的免疫受到抑制。对于处于免疫抑制的猪首先要解除免疫抑制，具体方法是：后备母猪或处于亚健康状态的母猪群，在注射疫苗之前，1吨饲料中分别加海乐康和超能各1千克，连用15天后再注射疫苗；并且在注射疫苗前后3天坚持使用超能。此方案不仅可控制病毒，解除免疫抑制，增强免疫应答能力；同时还具有抗应激作用，减轻疫苗应激反应，确保疫苗免疫效果。

第七节　猪高热病的分类鉴别及综合防治措施

2006年以来，全国20多个省市陆续发生了以猪群体温升高，特别是妊娠母猪流产、产死胎、产木乃伊胎，生长育肥猪和保育仔猪呼吸道症状为特征的高热病。由于长期以来没有查明病因，故该类病又称猪的无名高热病。该病暴发突然，传播迅速，死亡率高，给养猪业带来了严峻的考验，造成了巨大的经济损失。陕西省的部分地区也发生了猪的高热病，而且疫情进一步蔓延。结合近年来的临床经验和对在陕西省部分猪场发生的高热病的具体情况，笔者认为猪高热病一般是由多种病原混合感染引起的，抓住原发病原，区别对待，将会对该病的预防与治疗起关键的指导作用。本节主要介绍猪高热病的临床分类鉴别及防治措施，希望能为广大临床工作者和养殖户提供参考。

一、高热病的分类鉴别

(1) **以高致病性猪繁殖与呼吸综合征为主的混合感染引起的高热病** 在以猪繁殖与呼吸综合征为主的混合感染所引起的高热病中，猪繁殖与呼吸综合征病毒决定了该病的发生发展。该病毒严重破坏猪的免疫系统，容易造成其他病原的继发感染，如圆环病毒、链球菌、支原体等。

种母猪开始发病时，表现为体温升高、精神沉郁、嗜睡、厌食，甚至出现呕吐，个别母猪废食3～7天。患繁殖与呼吸综合征的母猪在妊娠70天后，流产率为3%～8%，死胎率为正常的2～4倍，死亡率达60%以上。且产弱胎数增加，断奶前仔猪死亡率增加，通常达40%～70%。母猪产木乃伊胎的比例由2%～4%上升至15%～20%，在繁殖与呼吸综合征暴发期间，一般会有20%以上的存栏母猪发生死亡。种公猪感染繁殖与呼吸综合征病毒后可能表现为体温上升，精神沉郁，但常不表现临床症状。公猪感染繁殖与呼吸综合征病毒后的一段时间内，其精液中有病毒排出，最长达92天(范围为6～92天)，平均为35天。早产乳猪脐带肿大，出血，产后24小时死亡率达80%。仔猪主要表现为呼吸加速，有时呈腹式呼吸，肌肉震颤，共济失调，比其他细菌和病毒感染时的症状严重得多，发病率为10%，死亡率为80%以上。耐过猪生长缓慢，需3周以上时间才能恢复。育肥猪与成年猪表现的症状相似，一些猪由于体温升高而厌食，精神沉郁，咳嗽，双眼肿胀，有结膜炎，腹泻，肺炎，常继发其他细菌或病毒感染而导致死亡。

成年猪通常很少出现繁殖与呼吸综合征病变，但生长猪(尤其是未断奶的仔猪)常出现典型的繁殖与呼吸综合征病变。最显著的病变一般在肺部，表现为弥漫性间质性肺炎；感染后腹膜、肾周围脂肪、肠系膜淋巴结、皮下脂肪和肌肉及肺均出现水肿。

(2) **以猪瘟为主的混合感染引起的高热病** 该病的发病率达18%，死亡率达30%～40%，并且易与链球菌、传染性胸膜肺炎、圆环病毒、支原体等混合感染，加重病情。各个阶段的猪均易发生，但多呈散发，主要表现为高热不退或反复，精神沉郁，食欲废绝，体表有出血点或全身发红，有紫红色斑或坏死痂，眼结膜潮红，角膜充血，眼睑浮肿，有泪痕，先便秘后腹泻。公猪阴鞘积尿。哺乳仔猪主要表现为神经症状。剖检可见多脏器有出血变化，如皮肤、浆膜、淋巴结、膀胱、胆囊、肾脏、喉头、脾脏周围有出血性梗死，整个消化道有出血或溃疡，特别在回盲口有特征性的纽扣状溃疡。

(3) 以猪附红细胞体病为主的混合感染引起的高热病　该病的发病率为30%左右，死亡率为15%，并且常与链球菌、弓形虫病、圆环病毒及支原体等混合感染。该病主要发生于温暖季节，夏季多发，特别是雨后发生较多。主要通过节肢动物，污染的针头、器械等传播。发病母猪可以垂直传播。猪最早3月龄发病，潜伏期6～10天。主要表现为高热持续不退（40℃以上）或反复，精神沉郁，食欲废绝，体表皮肤发黄或发红，可视黏膜发黄或苍白，便秘与腹泻交替发生。母猪阴户和乳头红肿。剖检的特征性病变为贫血和黄疸；肌肉色泽变淡；脂肪黄染；血液稀薄如水，凝固不良；肝、脾肿大，质地变脆；全身淋巴结肿大，切面有灰白色坏死灶或出血点。

(4) 以猪附红细胞体病和猪瘟为主的混合感染引起的高热病　该病的发病率为25%左右，死亡率为40%以上，并且易与链球菌、弓形体病、圆环病毒及支原体等混合感染，加重病情。该病主要发生在温暖季节，夏季多发，特别是雨后发生较多。猪瘟疫苗免疫不当或未免疫时，发病母猪可以垂直传播。猪一般于3月龄以后发病，主要表现为以上所介绍的以猪附红细胞体和猪瘟的临床症状和病理变化的混合，同时也会出现由其他病原继发感染引起的更复杂病变。

(5) 以猪附红细胞体病、猪瘟和高致病性猪繁殖与呼吸综合征为主的混合感染引起的高热病　该病的发病率一般在17%左右，发病猪死亡率可达90%以上，基本波及各个年龄段的猪群，从上千头的规模猪场到散户都有不同程度的发生。由于该病又继发感染其他病原，因此在不同的猪场该病表现的症状也各有不同，同一猪群使用同一治疗方案可出现不同的效果。其发病表现主要为全群突然发病，病猪体温升高至40～41℃，个别病猪体温可升高至42℃以上。呈稽留热，精神沉郁，食欲不振或废绝，并伴有皮肤发红变紫等症状；呼吸困难，腹式呼吸，流鼻涕，个别猪只出现咳嗽、呕吐症状；粪便干燥如球形并有黏液，个别病猪出现腹泻；少数病猪皮肤毛孔有出血点，可视黏膜发白、发黄或发红；妊娠期母猪、空怀母猪出现体温升高，不食，用药后体温先恢复正常后又升高，有的甚至出现流产、早产、死胎现象。病程长达10天或半月之久。

二、综合防治措施

高热病一旦发生，其传播速度快，如果不及时控制，会给养猪业带来极大危害。由于大多数猪死于继发感染，因此认清原发病，同时控制其他病原带来的继发感染尤为重要。

1. 一般预防措施

（1）加强引种检疫　对所引种的猪群进行发病史调查，同时详细了解原来猪群的免疫记录，以免引种时引进疾病。

（2）加强猪群的饲养管理　降低饲养密度，保持圈舍干净、卫生，注意圈舍的通风换气，控制猪舍温度；给猪只饲喂高营养的全价平衡饲料，严禁给猪饲喂发霉饲料，保证充足的饮水；严格控制人员及物料的进出，不互相串舍；每天用消毒液对猪舍、运动场、工作区全面消毒；做好驱蝇、灭鼠工作；猪场禁止养猫或其他动物。

（3）加强免疫预防　对于蓝耳病疫苗的接种，后备猪和育成公猪在配种前1个月免疫；经产母猪在空怀期免疫，3周后再加强免疫一次。对于猪瘟疫苗的接种，后备猪和育成公猪在配种前1个月免疫；经产母猪在仔猪断奶时免疫；仔猪可以进行超前免疫，即在出生后、吃初乳前接种，间隔2小时后再喂初乳，该方法难度较大，步骤繁琐，不适合于广大散养猪舍和养殖水平较低的地区，但对长期受猪瘟威胁的地区可以采用。另外，仔猪也可以在断奶时一次免疫。然后在3周后加强免疫一次。该方法适用于猪瘟安全地区和饲养母猪较多的农村。对接种疫苗和使用药物后仍发病严重的猪场，采集耐过、痊愈猪血或病猪制作自家组织苗进行接种。

（4）加强药物保健　能及时解除免疫抑制，保肝护肾，同时治疗和预防细菌性疾病，提高猪体自身抵抗力。

2. 一般药物治疗措施

对发病猪群及时进行隔离消毒。由于患病猪大部分都死于并发感染，因此配合对症抗菌治疗可以提高猪的成活率。1吨饮中加1千克超能连用7~15天，海乐康、富尔泰、替乐加、海强力各1千克拌1吨料，干喂7～10天；颗粒料要粉碎后加药拌均匀，让猪只自由采食7天。另外，在以上治疗的基础上，以猪瘟为主的混合感染要及时对病猪和受威胁的健康猪进行猪瘟疫苗的紧急免疫接种；以猪附红细胞体为主的混合感染要对病猪进行贝尼尔等药物的治疗。

3. 中兽医防治措施

此次猪无名高热病经专家临床诊断、病理变化及实验室血清学、ELISA、PCR等检查，发现本病多为猪瘟、蓝耳病、圆环病毒病、猪流感病毒、伪狂犬病等一种或多种病毒与猪传染性胸膜肺炎、副嗜血杆菌、2型链球菌多种细菌或弓形体、附红细胞体等多病原的混合感染。中兽医辨证认为，该病属于湿热蕴积，热毒逐步侵入卫气营血所致。治疗原则是，清热解毒，凉血清肺，燥湿健脾。

方药：金银花、大青叶、石膏、生地、丹参、苇茎、黄芩、知母、麦冬、黄连、苍术、白术、黄芪、陈皮、焦三仙、甘草。

方解：金银花、大青叶、石膏、生地、丹参清热解毒凉血为主药；辅以苇茎、黄芩、知母、麦冬清肺热，消肺痈，养肺阴，黄连、苍术、白术燥湿健脾止泻，佐以黄芪、陈皮补气理气；焦三仙和胃健胃，甘草补中，并能调和药性。诸药合用共奏清热解毒，凉血清肺，燥湿健脾之功效。

4. 小结与讨论

近年来，猪病有日趋严重的趋势，给养猪业带来了巨大的危害，使猪的存栏量大幅度下降，猪肉价格空前高攀，严重影响了人们的正常消费和生活。2006年以高致病性猪繁殖与呼吸综合征为主的混合感染引起的高热病的发生，使广大养殖户和养殖企业一直沉浸在猪蓝耳病的恐慌中。通过长期的临床实践和经验，笔者发现猪高热病不只是一种以高致病性猪繁殖与呼吸综合征为主的混合感染，它还包括以上介绍的几种情况。但由于人们对高热病的认识不全面，因此耽误了该类疾病的预防和治疗时机，造成猪的大批死亡。根据笔者在陕西省接触到的高热病的发病情况来看，临床上有80%左右的猪高热病是与高致病性猪繁殖与呼吸综合征无关的，猪得病后的实际死亡率不高，容易治愈；但如果不及时治疗或错误诊治，可以使平均死亡率达60%以上。

综上所述，猪高热病并不是猪的毁灭性疾病，我们必须冷静地诊断与分析，抓住其原发病原，然后有针对性地预防和治疗，这样才能显著降低猪的死亡率。

第八节　母猪"五体"病的主要症状及防控措施

"五体"是指附红细胞体、弓形体、衣原体、钩端螺旋体、支原体。其中前"四体"对母猪繁殖性能有严重的影响，都可引起母猪的流产、早产，产死胎、产弱胎，母猪产后无乳、少乳新生仔猪发病等，严重影响母猪的繁殖性能及猪场的生产成绩。目前，多数猪场都不同程度地存在"五体"感染，至少存在1~2种原虫感染。因为"五体"感染在临床上鉴定困难，特别是衣原体、弓形体等发病特征不够明显；再加上感染"五体"在母猪一般不会出现急性临床症状，主要呈慢性经过，有时母猪本身无症状，流产比例也不会太高，且很难查出流产的直接原因。因此，多数猪场对"五体"感染不重视，但"五体"确实正严重影响猪场的生产成绩。随着气温的不断升高，种猪的"五体"感染又到了高发期。想要解决母猪"五体"感染，必须从健康养猪做起，提高猪群的免疫力与抗病能力，采取综合性的防控措施，以提高母猪繁殖性能。

一、母猪"五体"感染的特点

"五体"感染无明显的季节性，一年四季都可发生，一般夏季发病率比较最高。母猪健康、抗病能力强时一般不发病；当气温升高、环境不良，母猪处于应激状态下，发病率会明显升高。

感染"五体"的主要特征是母猪不明原因流产、早产，产死胎，弱胎，新生仔猪贫血，站立困难，无法吮乳等。除此之外，母猪还表现为被毛粗乱、皮肤苍白，结膜炎，泪痕明显，有的巩膜黄染，颈部、背部皮肤毛孔有铁锈色细小出血点，产后泌乳量不足等。

二、发病原因分析

"五体"感染中，附红细胞体、支原体在猪场的感染率几乎100%，衣原体的感染率也在60%左右，弓形体、螺旋体的带菌率也比较高。但"五体"多数属于条件性疾病，当猪群健康、免疫功能强，环境适宜时，猪处于带菌状态，不会出现任何症状。当气温骤变、各种应激反应存在、猪舍环境不良、猪自身防御功能低下时，猪易引发疾病。当猪舍温度达到27°以上，种猪就会出现应激反应。

三、母猪感染"五体"的主要症状

（1）附红细胞体　基本上呈现慢性感染，母猪表现衰弱，被毛粗乱，黏膜苍白及黄疸；皮肤有微细出血点或黄色斑点，以背部皮肤最明显；不发情或屡配不孕，部分妊娠母猪流产。产仔后泌乳量少，有的新生仔猪有贫血、黄疸等症状。

（2）衣原体 本病一般呈慢性经过，母猪流产多发生在初产母猪，流产率可达40%以上。妊娠母猪感染衣原体后一般不表现出其他异常变化，只是在妊娠后期突然发生流产、早产，产死胎或产弱仔。感染母猪有的整窝产出死胎，有的间隔产出活仔和死胎；弱仔多在产后数日内死亡；断奶后母猪受胎率下降，即使受孕，流产死胎率也明显升高。公猪多表现为尿道炎、睾丸炎、附睾炎，配种时排出带血的分泌物，精液品质差，精子活力明显下降。

（3）弓形体 妊娠母猪若发生急性弓形虫病，则表现为高热、不食、精神委顿、昏睡，数天后产死胎或流产，即使产活仔，但活仔也会发生急性死亡、发育不全、畸形、不会吃奶等。母猪常在分娩后迅速自愈。大部分母猪呈隐性感染，虽本身无明显症状，但可通过胎盘传给胎儿引起流产，产死胎或产弱仔。若未发生胎盘感染时，产下的健康仔猪吃母乳后亦会感染发病。5日龄乳猪即可发病，病猪体表，尤其是耳、下腹部、后肢和尾部等因瘀血及皮下渗出性出血而呈紫红斑。肝肿胀并有散在针尖至黄豆大的灰白色或灰黄色的坏死灶，此具有诊断意义。

（4）钩端螺旋体 母猪猪钩端螺旋体病一般呈隐性感染，无明显的临诊症状，有时可表现出发热、结膜发红或泛黄，母猪产后无乳、少乳。但妊娠不足4~5周的母猪，可发生流产和死产，流产率可达20%~70%。妊娠后期所产的弱仔不能站立，不会吸乳，1~2天死亡。急性病例多见于哺乳仔猪和保育猪，突然发病，体温升高至40~41℃，稽留3~5天，全身皮肤和黏膜黄疸，后肢出现神经性无力，震颤；有的病例出现血红蛋白尿、尿色茶；粪便呈绿色，有恶臭味。死亡率可达50%以上。

（5）支原体 猪支原体病是一种慢性呼吸道传染病，主要由于感染肺炎支原体、附红细胞体（嗜血支原体）、鼻支原体等而引起发病，主要症状是发生肺炎、黄疸性贫血、浆膜炎和关节炎等。发生支原体肺炎时，病猪主要表现精神沉郁，气喘、咳嗽，呼吸困难，被毛粗乱，体质逐渐消瘦，且往往继发肺炎，病程一般持续2~3个月。发生附红细胞体病时，会发生急性溶血性疾病，一般会造成断奶仔猪、妊娠母猪、育肥期的猪只发生死亡。发生滑液囊支原体病时，病猪主要是多个关节出现炎症。

可见，繁殖障碍是母猪"五体"感染的共同特点，会严重影响母猪的繁殖性能，造成猪场生产水平的下降。

四、"五体"感染的正确防控措施

正确的防控思路：病原体普遍存在，无法彻底清除，关键问题是能否做到母猪不发病。"五体"感染是否出现主要取决于猪自身的抗病能力，所以提高猪群自身的免疫力，增强机体自身的防御能力就成了控制"五体"感染的根本措施。同时控制好免疫抑制性疾病，特别是蓝耳病、圆环病毒病并结合抑制病原体，达到有效控制"五体"感染、维持正常生产的目的。

（1）**解除免疫抑制，控制病毒性疾病**　目前有相当一部分猪场母猪处于亚健康状态，存在蓝耳病、圆环病毒病等潜在感染，致使免疫功能的低下。因此，控制"五体"的第一步就是提高健康水平，消除亚健康状态。

①对于稳定的母猪群　超能、海乐康、海强力各1千克，拌入1吨饲料中，连用7天，每3个月对全群母猪预防一次。

②对于不稳定的母猪群　首次采用"吉祥三宝"方案稳定猪群；超能、海乐康各1千克，拌入1吨饲料中，连用15天或每吨饲料中加海强力1千克，连用7天。可以达到控制"五体"、控制病毒、提高免疫力的目的。

（2）**改善环境，加强管理**

①良好的环境对母猪的健康至关重要，特别是在炎热季节更要注意减少饲养密度，加强通风换气，增加防暑降温措施，确保猪舍内温度适宜。猪舍内的温度最好控制在28℃以下，当猪舍温度超过28℃时，要及时添加超能500~1 000克/吨（目的是抗应激）。

②母猪要适当运动，保持良好的体质。

③做好灭鼠工作，猪场内不养猫、狗等其他动物，防止猪与其他动物接触，减少感染概率。

④猪在应激状态下健康指数会明显下降，导致抗病能力减弱，容易引发疾病。因此，所有的生产操作都应尽量减少对母猪的应激反应，如母猪转栏、上产床、断奶等都要尽可能减少刺激，切忌粗暴对待母猪。

（3）**注意营养平衡，防止霉菌毒中毒**　在炎热季节，猪的采食量会有程度不同的减少，要特别注意营养的平衡，适当提高营养标准，同时添加超能500~1 000克/吨饲料。霉菌毒素是降低免疫力的主要因素之一，当霉菌毒素过量时，会损伤肝脏等器官的功能，引起全身的中毒性反应，严重影响免疫功能，易诱发多种疾病。因此，要严把饲料原料关，种猪饲料要长期添加脱霉净1千克/吨饲料。

（4）发病时的控制方案　当母猪已经发病，且出现不明原因的流产、皮肤苍白、毛孔有铁锈色出血点、结膜发红、巩膜黄染、泪痕明显等症状时，用"吉祥三宝"综合控制方案，可迅速控制病情。具体方案：海强力1千克/吨饲料，连用7天；超能、海乐康各1千克/吨饲料，连用2周。

要维持猪场的高水平的生产，必须从健康养猪入手，做好基础工作，为猪创造良好的环境，加强管理。要从种猪做起，从源头上提高猪的免疫力，增强猪群自身的抗病能力。只有这样，才能有效控制各种疾病，获取最佳的经济效益。

"吉祥三宝"

（超能＋海乐康＋富尔泰）

产品名称	用法及用量	特点及功能	规格	生产厂家
超能（多功能保健剂）	1千克兑1吨水或拌1吨饲料	解除免疫抑制，提高免疫力；抗应激；使猪恢复食欲，提高其采食量；解决瘦弱猪、僵猪问题；增强药物疗效，提高病猪的治愈率；提高疫苗免疫效果	1千克／袋，500千克／袋	海纳川
海乐康（中药制剂＋免疫增强剂）	预防：500克拌1吨饲料；治疗：1千克拌1吨饲料	无毒、无残留、无耐药性；多种抗病毒中草药免疫因子组方；抑制病毒复制，解除免疫抑制；病毒病的首选药物	1千克／袋，500克／袋	海纳川
富尔泰（猪场专用微生物制剂）	预防：500克拌1吨饲料；治疗：1千克拌1吨饲料	大幅度降低抗生素使用量，减少化学药物对机体的损伤；显著改善和维护肠道健康，控制腹泻，提高机体免疫力，增强畜禽抗病能力；提高饲料转化率，促进生长，缩短出栏时间	1千克／袋，500克／袋	海纳川

昕肠态是北京昕大洋科技发展有限公司生产，发明专利产品。其系列产品有昕肠态D型（育肥专用）、昕肠态F型（预防）、昕肠态M型（母猪专用）、昕肠态Z型（治疗）；其主要成分有：功能性蛋白酶（XDM-0968）、酵母菌（XDN-1188）、芽孢杆菌（XDY-1068）。独特组合配伍，三位一体，协同增效，又称"三君荟"。昕肠态功效有：提免疫、促生长、止腹泻、增效益。

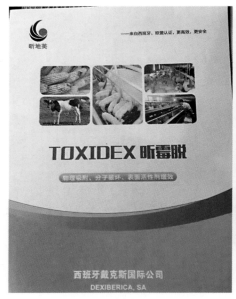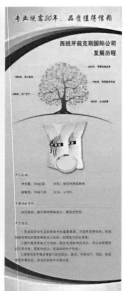

　　昕霉脱，来自西班牙戴克斯国际公的原装进口产品，能吸附绝大多数的霉菌毒素，破坏绝大多数霉菌毒素的分子结构，是表面活性物质增效三合一的世界脱霉剂名牌产品。

　　规格：25千克/袋；使用方法：1吨饲料中加500～1 000克（长期使用）。

图书在版编目（CIP）数据

国邦养猪精要：养猪新模式的创新管理经验/吕国
邦等编著. —北京：中国农业出版社，2018.4
ISBN 978-7-109-24001-8

Ⅰ．①国… Ⅱ．①吕… Ⅲ．①养猪学 Ⅳ．①S828

中国版本图书馆CIP数据核字（2018）第054929号

中国农业出版社出版
（北京市朝阳区麦子店街18号楼）
（邮政编码 100125）
责任编辑　黄向阳　周晓艳

中国农业出版社印刷厂印刷　新华书店北京发行所发行
2018年4月第1版　　2018年4月北京第1次印刷

开本：720mm×960mm　1/16　印张：6
字数：160千字
定价：58.00元
（凡本版图书出现印刷、装订错误，请向出版社发行部调换）